CLAYTON · DER JEEP

Entwicklung · Technik · Modelle

MICHAEL CLAYTON

DER JEEP

MOTORBUCH VERLAG STUTTGART

Einband und Schutzumschlag: Siegfried Horn
Schutzumschlagzeichnung: Carlo Demand.

Copyright © Michael Clayton, 1982
Die englische Ausgabe ist erschienen bei David & Charles, Newton Abbot, Devon,
London, unter dem Titel: »Jeep«.

Die Übertragung ins Deutsche besorgte
Dipl.-Ing. Herbert Jäger

ISBN 3-613-01050-X

4. Auflage 1990
Copyright © by Motorbuch Verlag, Postfach 10 37 43, 7000 Stuttgart 10.
Ein Unternehmen der Paul Pietsch-Verlage GmbH & Co.
Sämtliche Rechte der Speicherung, Vervielfältigung und Verbreitung in deutscher
Sprache sind vorbehalten.
Satz und Druck: C. Maurer Druck und Verlag, 7340 Geislingen/Steige.
Bindung: Verlagsbuchbinderei Karl Dieringer, 7016 Gerlingen.
Printed in Germany.

Inhalt

1. Die Vorgeschichte

Der Jeep mit dem Kennzeichen der US-Army war schon einige Stunden vor meinem hergerollt. Dann schlief ich ein, auf der langen Strecke von Frankfurt nach Berlin, im Jahre 1945. Vielleicht hätte ich mein kurzes Nickerchen überhaupt nicht registriert, wäre nicht beim Aufwachen die Straße vor mir leer gewesen. Ich hielt an und ging im Dunkeln zurück, um nachzusehen. Es war völlig unmöglich etwas auszumachen, außer daß dieser Straßenteil erhöht verlief und rechts mit einer schrecklich steilen Böschung in die Felder abfiel. Während ich noch überlegte, wie ich da hinunterkraxeln könnte, wurde die nächtliche Stille vom Aufröhren eines Motors zerrissen. Dem folgten die Dolche der Scheinwerfer, als die Vorderräder des Jeep sich über das Bankett krallten. Der Fahrer schloß sich mir für einen kurzen Spaziergang an und wir unterhielten uns über die Gefährlichkeit des Einschlafens am Lenkrad. Die Fähigkeit des Jeep, wieder auf die Straße zu kommen, sahen wir jedoch als selbstverständlich an. Solcherart war das Vertrauen des Soldaten in die Leistung des Jeep.

Wo hat nun dieses Fahrzeug jenen Hauch des Außergewöhnlichen erlangt? Sicher nicht durch einen einzelnen oder an einer einzigen Stelle. Der Bedarf an einem Militärfahrzeug vom Typ des »Allesüberwinders« war bereits im entsetzlichen Schlamm der Schlachtfelder des ersten Weltkrieges erkannt worden. Dabei trugen Erfinder in Uniform genauso wie Zivilisten ihren Teil bei. Einige Entwürfe beruhten auf dem berühmten Modell T von Ford. Der eigentliche Wettlauf um den Jeep, wie wir ihn heute kennen, begann im Juni 1940, als die US-Army die technischen Anforderungen festlegte. Aber selbst dann, als die unglaubliche Zahl von 135 Firmen eingeladen wurde, sich am Wettbewerb zu beteiligen, stellten sich nur drei der Herausforderung: Bantam (ehemals American Austin), Willys und Ford.

Die beiden letzten Namen verkörpern Jeep-Veteranen, aber der Name Bantam ist verschwunden, ohne seinen gebührenden Anteil am Ruhm erlangt zu haben. Ursprünglich als American Austin Car Co. Inc. 1930 in Butler, Pennsylvanien gegründet, wurde die Gesellschaft dann 1935 in American Bantam Car Co. Inc. umgetauft und baute bis 1941 Automobile. Der Name Austin stand zwar in keinem direkten Zusammenhang mit der berühmten englischen Automarke, deren bekanntestes Produkt damals der Austin Seven war, doch war der Bantam ein in Lizenz gebauter Austin Seven, dessen Motor völlig mit dem des Vorbildes identisch war, während die Karosserie dem Chevrolet-Stil jener Zeit entsprach. Das Auto hatte sich 1937 mit einem Aufbau, den Alexis de Sakhnoffski gezeichnet hatte, zu einem wirklich hübschen Wagen gemausert, doch kam es als Kleinwagen nicht bei den Käufern an; selbst dann nicht, als 1940 der Motor auf den – immer noch winzigen – Hubraum von 800 cm^3 vergrößert wurde. Im gleichen Jahr jedoch baute Bantam den ersten erfolgreichen Prototyp des Jeep mit einem Vierzylinder-Continental-Motor. Dies rettete zwar die Firma vorerst, aber während die Geschichte des Jeep weiterging, zog sich Bantam schließlich vom Automobilbau zurück.

Das Ordnance Technical Committee (Technischer Ausschuß der Feldzeugtruppe) in Washington DC gab am 27. Juni 1940 die Ausschreibung für den Jeep heraus. Das genaue Datum war wichtig, weil jeder Hersteller, der sich am »Wettbewerb« beteiligte, binnen 75 Tagen 70 Fahrzeuge liefern mußte. Kein Wunder, daß daher bei 135 angeschriebenen Herstellern nur von dreien ein Echo kam. Verlangt wurde ein Vierteltonner 4 × 4 Lkw, wobei das »4 × 4« bedeutet, daß alle vier Räder angetrieben waren.

Das Lastenheft sah folgende Grundforderungen vor: Bei einem Höchstgewicht von 590 kg (1300 lb) eine Nutzlast von 272 kg (600 lb), der Motor mußte ein Drehmoment von 11,7 mkp (85 ft lb) entwickeln, der Radstand durfte höchstens 2 m (80 in) und die Spur höchstens 1,19 m (47 in) betragen. Die Zeit drängte so sehr, daß deswegen die Ausschreibung an 135 Hersteller gleichzeitig erfolgte, ein einmaliger Vorgang. Dann mußte auch noch der erste Prototyp binnen 49 Tagen abgeliefert werden und die übrigen in einem Zeitraum von 26 Tagen – und dabei sollten noch alle Änderungen verwirklicht werden, die die Behörde des Quartermaster Office (Amt der Quartiermeistertruppe) forderte.

Um ganz genau zu sein, sollte man darauf hinweisen, daß sich anfangs nur Bantam und Willys-Overland-Motors beteiligten. Die Willys-Leute wußten aber, daß sie die Achsen nicht rechtzeitig bekommen würden und verlangten eine Frist von 120 Tagen. Dies wurde zwar genehmigt, jedoch nur mit der Auflage, daß jeder weitere Tag über die ursprünglichen 75 hinaus fünf Dollar Vertragsstrafe kosten solle. Bantam indessen ging das Risiko mit 75 Tagen ein. Willys-Overland fand die scheinbar billigere Lösung, arbeitete aber in Wirklichkeit wegen der Konventionalstrafe-Klausel mit höheren Kosten als Bantam. Den Vertrag erhielt jedoch Bantam.

Zu diesem Sieg Bantams trug ein Mann entscheidend bei: Der jetzt verstorbene Karl K. Probst. Dieser, ein kraftfahrzeugtechnischer Gutachter, trat im Juli 1940 in die Firma Bantam als (vorläufiger) Oberingenieur ein. Äußerst ungewöhnlich ist, daß er das Fahrzeug, das später der Jeep wurde, binnen fünf Tagen entwarf und in nur 49 Tagen den Bau des Prototyps durchzog. An seiner Seite arbeiteten mit: Roy S. Evans, Francis H. Feen, C. P. Payne und Harold Christ (von dem wir noch hören werden).

Später schaffte es die Hartnäckigkeit von Roy Evans, daß in Butler am Ort des Firmensitzes ein Denkmal für die Geburt des Jeep errichtet wurde. Die meisten Fahrzeuge gingen im Rahmen des Leih-Pachtgesetzes nach England und Rußland. Die Seriennummern der ersten 1500 liefen von 1072 bis 2572. Diese erhielten US-Kennzeichen, die mit W-2015919 begannen. So wenige nur haben überlebt, daß sie von Sammlern hungrig gesucht werden.

Die Kritik richtete sich allein gegen Bantam; teilweise weil sie das einzige Angriffsziel darstellten und auch, weil die Gewichtsgrenze so niedrig lag. Colonel John H. Claybrook wies darauf hin, daß das Leergewicht mit 726 kg (1600 lb) die Obergrenze um 136 kg (300 lb) überschritt und daß es dem kleinen Motor an der notwendigen Leistung fehlte. Es gab sogar Einwände dagegen, daß der Hersteller anstelle des Austin-Motors den stärkeren von Continental verwendet hatte. Colonel R. R. Robins beanstandete ferner, daß der Bantam zu hoch geraten und untermotorisiert sei. Dann kritisierte das Militär noch, daß der ¼-Tonner 4 × 4 eine Anzahl Mängel aufwies (was wohl zu erwarten gewesen war) und einen zu hohen Wartungsaufwand notwendig machte. Außerdem waren nach drei Monaten Erprobung das Differential und beide Achsen defekt.

Die Nörgelei hielt sich in Grenzen; denn Colonel Oseth nannte den Wagen eine Sensation. Da er sich bewußt war, daß der Bantam unter Zeitdruck hergestellt worden war, störte er sich nicht an »einem kleinen Ärgernis«, als infolge von Vibrationen die Schlußlichter abfielen. Da Bantam die 49-Tage-Grenze mit dem ersten Prototyp eingehalten hatte, konnten sie diesen Vorteil nutzen und als erste weitere Prototypen vorstellen und damit Lorbeeren und Publicity einheimsen.

Obwohl in diesem Stadium Bantam also noch keineswegs ausgestiegen war, ist es jetzt Zeit, daß wir uns Willys zuwenden. Vorstandsvorsitzender bei Willys-Overland war damals Ward M. Canaday, der sich seit Anfang 1939 mit leichten Spähfahrzeugen für das Heer beschäftigt hatte. Der Kriegsausbruch am 3. September in Europa verstärkte Canadays Interesse, da sich eine Verstrickung Amerikas in den Krieg schon deutlich abzeichnete. Er hatte schon gelegentlich mit Colonel E. J. W. Proffitt vom Ordnance Corps (Feldzeugtruppe, Technische Truppe) darüber gesprochen, wie das Auto von Willys zum Gefechtsfahrzeug abgeändert werden könne. Es gab auch schon Skizzen und Entwürfe. Canaday wandte sich jetzt an Colonel (später Brigadegeneral) H. J. Lawes, dem Kommandanten der Erprobungsstelle Camp Holabird, der vorschlug, Willys solle einen Prototyp bauen und vorstellen. Willys hatte beim Entwurf freie Hand, mußte jedoch auch selbst die Kosten tragen.

Jeder Soldat ließ sich gern mit »seinem« Jeep fotografieren. Diese Sergeanten von
der Pressestelle der R.A.F. waren da keine Ausnahme. Rechts Johnny Saunders,
links Ron Easton, der jetzt der Starfotograf der Zeitschrift »Autocar« ist (1946 in
Deutschland).

Nach weiteren Beratungen mit Washington war Willys-Overland in der Lage,
die Hauptabmessungen für ein leichtes Aufklärungsfahrzeug festzulegen, das
beim Heer in verschiedenen Rollen eingesetzt werden konnte, und davon
Entwürfe zu fertigen. Im Herbst 1939 entdeckte Willys, daß Bantam ebenfalls
versuchte, das Interesse der Army an etwas derartigem zu wecken und damit

schon gut vorangekommen war. Zu diesem Zeitpunkt konnte keine der beiden Firmen wissen, in welche Dimensionen ihr Projekt noch wachsen sollte. Canaday sagte später:»Unseres Wissens sollte nämlich das Modell, das sie (Bantam) entwickelten, in erster Linie einen Nachfolger fur das Beiwagenkrad darstellen . . . um Infanterie und Aufklärer mit einem wettergeschützten Meldefahrzeug auszurüsten, das leicht und schnell war und Transportraum für 3 Mann bot. Dieses Konzept unterschied sich in unseren Augen sehr stark von unserem, dem eines robusten Spähfahrzeugs mit hoher Motorleistung.«

Im Jahre 1939 entwickelte Willys mit Hochdruck den leichtgewichtigen »Americar« samt Motor, die beide 1940 in Serie gehen sollten. Damals hatte sich Chefkonstrukteur »Barney« Roos hauptsächlich mit dem Motor befaßt. Er wollte dessen Leistung steigern und gleichzeitig den Kraftstoffverbrauch senken, ohne jedoch den Hubraum oder das Gewicht zu erhöhen. Ohne es zu wissen, stellte damit Roos den Typ Motor bereit, den die Army brauchen würde.

Roos, der früher Präsident der »Society of Automobile Engineers« (SAE) gewesen war, meinte, Motorleistung und Unverwüstlichkeit seien wichtiger als ein niedriges Gesamtgewicht. (Hierin war Canaday seiner Meinung.) Roos hielt es für unmöglich, ein Auto mit einer Gewichtsgrenze von 590 kg (1300 lb) zu bauen, das gleichzeitig eine Nutzlast von 272 kg (600 lb) zuverlässig befördern könnte. Mit dieser Betrachtungsweise der Firma Willys war Colonel Lawes einverstanden. Er verlangte nur, daß das Gewicht so niedrig wie möglich gehalten werden müsse.

Willys-Overland baute zwei Prototypen, beide wahlweise mit Zwei- und Vierradantrieb und einer sogar mit Vierradlenkung. Beide besaßen den Willys-Motor, weil alle Ingenieure, von Roos angefangen, wußten, daß dieser die erforderliche Leistung ebenso wie das notwendige Stehvermögen besaß. Außerdem waren die Fertigungsstraßen für den Motor einsatzbereit. Ward Canaday entdeckte nach Rückfragen bei dem Army Quartermaster Corps, daß einige der militärischen Forderungen etwas frei ausgelegt werden konnten. Motorleistung und Zuverlässigkeit wurden daher höher bewertet als ein niedrigeres Gewicht. Am 13. November 1940 begann bei der Erprobungsstelle Camp Holabird die Erprobung des ersten Willys.

Donald Kenower, der Versuchsfahrer von Willys, beschrieb, was sich nach der einleitenden Straßenfahrt von 8000 km (5000 miles) ereignete. Die Geländestrecke war in einem Acker so angelegt worden, daß sie schwerem Gelände entsprach. Sie enthielt Hugel, Gräben, schwierige Strecken und so weiter. Der Willys war gut gefedert und die Fahrer der Army konnten damit den Kurs – laut Kenover – zweimal so schnell umrunden wie in jedem anderen ähnlichen Fahrzeug. Die Geschwindigkeit wurde nur durch die Fähigkeit der Besatzung begrenzt,»an ihrem Job festzuhalten«. Es gab Probleme, wie immer bei solchen Anlässen. Im Falle Willys war es eine mangelhafte Befestigung des Luftfilters. Starke Regenfälle hatten das Gelände zum größten Teil in einen Schlammsee verwandelt. Von diesem Schlamm war genügend durch die Ansaugöffnung in den Motor eingedrungen, um diesen zu beschädigen. Für die Ingenieure der Army war dies nur ein klarer Fall von Ursache und Wirkung, daher baute Willys rasch einen Motor aus einem Pkw ein und machte weiter.

Zu diesem Zeitpunkt waren sich die hohen Militärs völlig im klaren, daß sie hohe Stückzahlen von dem Vierteltonner 4 × 4 benötigen würden. Dies hatte zur Folge, daß in Betracht gezogen wurde, Henry Ford, den König der Massenproduktion, mit einzuschalten. Bedeutende Leute wie Colonel Lawes waren, wie es heißt, in Anbetracht der sehr hohen Stückzahlen, die bestellt und geliefert werden mußten, skeptisch bezüglich der Fertigungskapazitäten von Bantam und luden deshalb Ford ein, sich zu beteiligen. Ford hatte jedoch 1940 die Fertigung von kleinen Wagen wie dem Modell T eingestellt und war nicht sonderlich interessiert, mit einzusteigen.

Die ersten siebzig Bantam-Wagen waren getestet worden. Als Ergebnis wurde vorgeschlagen, das Heer solle weitere 1500 für eingehendere Erprobungen kaufen. Jetzt war Ford bereit, sich am Wettbewerb zu beteiligen. Für die Genehmigung zum Kauf der 4 × 4 war Lt. Col. Henry S. Aurand zuständig. Er schlug vor, je 1500 Wagen bei Bantam, Willys und Ford zu bestellen. Dieser Vorschlag wurde gebilligt, allerdings mit der Maßgabe, daß die Autos von Willys und Ford die gleichen Bedingungen erfüllen mußten, denen der Bantam bereits genügte. Dem war der Vertrag mit Bantam über weitere 1500 vorausgegangen. Der Ford GP (General Purpose = Allzweck) wurde als »Pygmy« (Pygmäe) bekannt. Er besaß den Motor eines Traktors, da von den bei Ford gebauten Triebwerken dieser noch das geeignetste war. Dieser Motor – wie auch der Continental im Bantam – erbrachte 25% weniger Leistung als der Willys. Der Willys hatte einen eigenen, speziell für ihn entwickelten Motor und wies außerdem auch die richtigen Leistungscharakteristiken auf. Die militärischen Sachverständigen legten großen Wert auf dieses Triebwerk, aber es hatte 34 kg (75 lb) Übergewicht. Am stärksten sprach gegen Bantam der Zweifel an dessen Fertigungskapazität. Dagegen war Fords gewaltiges Produktionspotential entschieden ein Vorzug für die Marke.

Alle drei Bewerber lagen reichlich über der ursprünglichen Gewichtsgrenze von 590 kg (1300 lb). Die Army hob diese aber bei der abschließenden Ausschreibung auf 980 kg (2160 lb) an. Das Auto von Willys wog 1100 kg (2160 lb) und man sagte der Firma, daß das Höchstgewicht endgültig auf 980 kg festgesetzt worden sei. Zum Glück für Willys-Overland schaltete sich da der stellvertretende Kriegsminister Judge Paterson ein. Als ihm gemeldet wurde, daß es zwischen der Firma und Colonel Lawes Absprachen hinsichtlich einer gewissen Flexibilität in bezug auf das Gewicht gegeben habe, genehmigte er den Auftrag über 1500 Willys. Also wurden insgesamt 4500 Fahrzeuge bestellt, wobei jede Firma die gleiche Stückzahl lieferte.

Bei Willys erkannte Ward Canaday, daß trotz dieses Erfolges künftige Aufträge davon abhängen würden, daß das Gewicht auf 980 kg verringert würde. Was die Leistung betraf, so entwickelte der Willys-Motor 60 bhp (brake horsepower, etwa gleich PS), der Bantam 40 bhp und der Ford 46 bhp. Willys stand damit vor dem Problem, daß sie ein Auto konstruieren mußten, das nicht nur eine 50% höhere Motorleistung als die Konkurrenz zu verkraften hatte, sondern auch ein höheres Motorengewicht. Barney Roos mußte sich entscheiden: Wollte er den Motor beibehalten und umkonstruieren oder – wie Bantam bei Continental – sich auf dem Markt nach einem anderen Motor umsehen? Später erklärte er, er habe aus den militärischen Erprobungsberichten entnommen, daß den verantwortlichen Offizieren Motor- und Fahrleistungen sowie das Fahrverhalten gefielen. Er glaubte, diese mühsam errungenen Vorteile gingen

Der erste Serienwagen vom Band. Der amerikanische Bantam Modell 40 BRC = 1940 Bantam Reconnaissance Car (Aufklärungswagen), der vom englischen Heer für den Einsatz in der Wüste ausgerüstet wurde. Beachte das »Bren«-LMg (Brünn-Enfield) sowie unter dem Getriebe die schützenden »Skier«. Dies war der erste Vierteltonner 4 × 4, der aus den USA nach England kam und dann in der Wüste Afrikas auftauchte (Imperial War Museum).

wieder verloren, falls Willys einen Motor kaufen würde. Schlicht gesagt hieße dies mit Bantam gleichziehen. Die endgültige Entscheidung, am Willys-Motor festzuhalten, war eine der wichtigsten in der Geschichte dieses Automobils. Roos und seine Kollegen standen jetzt vor der Aufgabe, ein Fahrzeug, das schon spartanisch war, um weitere 119 kg abzumagern. Dies schien völlig ausgeschlossen. Der Ingenieur Roos verstand aber sein Handwerk. Schritt für Schritt verringerte er das Gewicht, oft an Stellen, wo ein Durchschnittsingenieur resigniert oder gar nicht erst angefangen hätte. Mit Sonderstählen konnte er bei gleicher Gesamtfestigkeit Gewicht einsparen. Schließlich war der Punkt erreicht, wo nicht nur das Gewicht der Lackierung, sondern sogar das von Staub wichtig war. Roos schaffte es, noch 200 g unter dem vorgeschriebenen Gewicht zu bleiben.

Diese Leistung fand die gebührende Anerkennung. Die »Motor Industry« besang in höchsten Tönen den einsamen Rufer Roos, der jahrelang das Leichtautomobil vorangetrieben hatte. Eine Stimme aus den Kreisen hoher Militärs sagte:»Um den Willys-Motor beibehalten zu können, hat Roos das Gewicht durch andere Maßnahmen gesenkt. Dazu gehörte beispielsweise das Abwiegen des Lackes. Das Fahrzeug lag so dicht an der Gewichtsgrenze, daß es, wenn vor der Kontrolle etwas Staub und Schmutz darauf gerieten, diese überschritt.« Er sagte weiter, daß die Army den Motor wollte, so wie er war, und daß Roos das Fahrzeug»toll abspeckte«, ohne den Motor anzutasten. Eine der lobenden Stimmen war die von Colonel Lawes, der Roos als einen der hervorragendsten und fähigsten Motorenkonstrukteure im ganzen Lande pries.

WURZELN IM SCHLAMM

Die Geburt des Jeep datiert zurück bis in die Schützengräben und schlammigen Schlachtfelder des 1. Weltkrieges, jener Hölle des Infanteristen, in der die Nachschubwege zur Front ständig unpassierbar waren. Der Stabchef eines Generals rief aus, während sich ihr Wagen durch den Schlamm kämpfte:»Mein Gott, haben wir wirklich Leute losgeschickt, die in so etwas kämpfen sollen?« Die Geschichte lehrt, daß 8 Millionen Menschen ihr Leben verloren. Die Planer in Uniform suchten anschließend eine brauchbare Alternative zum Beiwagenkrad zu finden. Zwischen den Kriegen verfolgten weitsichtigere Offiziere aufmerksam die Entwicklung aller neuen Militärfahrzeuge. Sie dachten dabei an Aufgaben wie das Ziehen von Geschützen, Versorgungsfahrten jenseits aller Straßen und Aufklärungstätigkeit. In verschiedenen militärischen Einheiten versuchten Ingenieure quasi als Hobby, ein solches Fahrzeug zu bauen.

Mit dem Ausbruch des 2. Weltkrieges beschleunigten sich in den USA die militärischen Aktivitäten. Generalmajor C. L. Scott erläuterte später, als er Kommandeur des Feldersatz-Zentrums der Panzertruppe in Fort Knox, Kentucky, war, die US-Verfahren bei der Beschaffung neuen Gerätes. Gewöhnlich

14

ging man so vor, daß die Forderungen als »Militärische Merkmale« eingebracht wurden. Hierunter fielen Geschwindigkeit, Höhe, Panzerung, Geländegängigkeit, Kopfzahl der Besatzung, Bewaffnung und notwendige Gefechtswerte. Oft saß er in Ausschüssen, die die Leistungsdaten für die Ausrüstung der Aufklärungs- und Panzerschwadronen festlegten. Darunter fiel auch der Vierteltonner. Er betonte auch, daß viele am Zeichenbrett standen, auf die nicht der kleinste Ruhmesglanz als Lohn für ihren Beitrag fiel.

Ende 1943 fügte er noch einige Informationen hinzu. Er sagte, die Kavallerie (Aufklärer) hatte seit Jahren ein Fahrzeug gesucht, das in schwerem Gelände so gut wie ein Pferd voran kam und das man für die Aufgaben Erkundung, Transport von Menschen, Waffen und Munition sowie als Kurierfahrzeug einsetzen konnte. Gleichzeitig sollte es möglichst leise und unauffällig sein. Schon Jahre, bevor ein solches Fahrzeug produziert wurde, waren – teilweise durch Probieren – bereits viele seiner Merkmale entwickelt worden, wie z. B. das niedrige Profil und der Vierradantrieb.

General Scott fügte hinzu, daß – sobald die Kavallerie ihre Forderung festgeschrieben habe – andere Truppengattungen wie Ordnance (Technische Truppe) und Quartermaster (Quartiermeister/Motortransport) sowie zivile Automobilingenieure sich bemühen sollten, nach diesen Eckdaten etwas auf die Räder zu stellen. Brigadegeneral J. E. Barzynski, Kommandant des Quartermaster Depot in Chicago, schrieb 1941, es sei nicht überraschend, daß so viele Leute den Ruhm für die Entwicklung des Jeep beanspruchten. Darunter waren auch unbegründete Ansprüche, die eine spätere Geschichtsschreibung des Jeep verfälschen konnten.

Barzynski beauftragte daher Leutnant E. P. Hogan damit, die Quellen zu studieren und die verbürgten Tatsachen festzuhalten. Ende 1941 erschien im »Quartermaster Review« ein Artikel von Hogan, der jetzt Major war. Er war überschrieben: »Die Geschichte des Vierteltonners, des kleinsten Autos des Heeres, das als der Jeep bekannt ist.« Man sollte vermerken, daß er – als er von Automobilen für die Welt schrieb – dies nicht etwa in Unkenntnis der Leistungen von Daimler und Benz tat, sondern an massenproduzierte Modelle wie das berühmte Modell T von Ford dachte. Er schrieb, daß ungeachtet der Tatsache, daß ursprünglich Amerika der Welt das Automobil geschenkt hatte, der kleine Lieferwagen keine amerikanische Erfindung war. Dieser *kleine* Lieferwagen wurde in Europa entwickelt. Er resultierte aus den dortigen Bedürfnissen, entstand in dichtbevölkerten kleinräumigen Gebieten und aufgrund der dortigen hohen Kraftstoffpreise. In den USA, wo die Entfernungen größer und Benzin billiger war, gab es keinen solchen Bedarf an einem kleinen Wagen. Und doch wurde das kleine Militärfahrzeug in der Hauptsache aus dem kleinen Lieferwagen entwickelt.

Major Hogan schrieb weiter, daß, obwohl die US-Army nicht erweitert wurde, die fortwährend wachsende Kriegsgefahr in Europa eine Fülle von Anregungen für künftige militärische Entwicklungen zeitigte. Schon mindestens

10 Jahre, bevor endlich der Jeep kam, empfand man die Notwendigkeit, einen Nachfolger für das Beiwagenkrad zu finden.

Es ist vielfach belegt, wie der 1. Weltkrieg die Offiziere, die an ihm teilnahmen, prägte. Colonel William B. Johnson, der im Quartermaster Depot Holabird in Baltimore die Festschreibung der Leistungsdaten leitete, sagte, die Entwicklung des Jeeps entspringe zu 100% der Tatsache, daß die Offiziere des Heeres ihn im 1. Weltkrieg schmerzlich vermißt hätten. Der Inspekteur der Feldartillerie, Generalmajor R. M. Danford, sagte:»Der Jeep ist das Ergebnis militärischer Forderungen, die viele Armeeangehörige über lange Jahre hinweg zur Reife gebracht haben.« Der Generalquartiermeister Generalmajor E. B. Gregory bestätigte diese Bemerkung und betonte die Notwendigkeit eines Vierradantriebes. Bestätigt hat dieses auch Brigadegeneral F. L. Parks, stellvertretender Kommandeur der 69. Infanteriedivision:»In meinem Bekanntenkreis haben viele Offiziere des Heeres mit mir seit dem 1. Weltkrieg über ein solches Fahrzeug diskutiert. Ich kenne niemanden, der allein die Idee gehabt hätte. Die Notwendigkeit war für viele, die mit Motortransport zu tun hatten, klar erkennbar.«

Ein weiterer Beitrag kam von Brigadegeneral E. W. Fales, der damals dem Infantry Replacement Centre (Infanterie-Ersatzzentrum) in Florida vorstand. Er pflichtete dem bei, fügte aber hinzu, die Infanterie habe ein Fahrzeug gefordert, das zum ersten Male in sich alle wichtigen Merkmale vereinen und gleichermaßen auf Fertigung wie auf Bedienung zugeschnitten sein müsse. Vielfach seien, so sagte er, schon verschiedene Kombinationen versucht und als unbrauchbar befunden worden.

Im Grunde war der Jeep ein Fahrzeug, das – besonders beim Heer – das Pferd ablösen sollte. Die Offiziere, die im 1. Weltkrieg an der Front gewesen waren, hatten das Leid gesehen, nicht nur ihr eigenes und das ihrer Männer, sondern auch das ihrer Pferde. Außer den Tieren, die an ihren Wunden verendeten, starben noch viele einfach aus Mangel an Futter in der Schlacht den Hungertod. Der Transport per Motor wurde zunehmend zuverlässiger und vielseitiger und die Entwicklung schnellerer leichter Panzerfahrzeuge schuf ein gewandeltes Kriegsbild, in dem kein Platz mehr für Pferde war.

Der Jeep entsprach diesen Anforderungen und, was auch wichtig ist, noch vielen weiteren. Mehr als jedes andere Militärfahrzeug steigerte er die Beweglichkeit und veränderte er die Taktik des Heeres.

DIE VORLÄUFER DES JEEP

Auch wenn der Jeep aus der Verbindung von technischer Entwicklung mit militärischen Notwendigkeiten entsprang, so gab es doch Vorfahren. Eine Gruppe zum Beispiel reicht bis 1921 zurück. Sie wurde 1944 von Colonel

C. C. Terry vom Ordnance Corps in einer Abhandlung beschrieben. Diese nannte sich »Erprobung und Entwicklung leichter Geländefahrzeuge in Aberdeen Proving Grounds (eine Waffen- und Fahrzeug-Erprobungsstelle bei Baltimore), Maryland. Darin berichtete er, daß 1921 etwa 15 leichte Fahrzeuge hinsichtlich ihrer Geländegängigkeit getestet worden seien. Sie waren für verschiedene Aufgaben konstruiert worden: Einige als leichte Transportfahrzeuge, andere für Erkundungsaufgaben und wieder andere als Allzweckgeräte. Hauptabsicht war, das im 1. Weltkrieg verwendete Motorrad – mit oder ohne Beiwagen – zu verbessern.

Zu den Fahrzeugen, die zum Jeep führten, kann auch ein 1923 entwickelter »Motorkarren« gerechnet werden. Dieses Fahrzeug, das von einem Motorradmotor angetrieben wurde, kam aus Fort Benning in Georgia. Wie bei einem Rasenmäher schritt der Bediener hinter ihm. Es war 2,5 m lang, aus Aluminium gebaut und wasserdicht. Es konnte daher zu Lande oder zu Wasser eine beträchtliche Ladung befördern. Ein Nachteil war, daß es keine Schiffsschraube aufwies. Sobald die Räder im Wasser den Bodenkontakt verloren hatten, mußte der Bediener es mit Schwimmen oder Staken vorantreiben; nur unter günstigen Bedingungen konnte er an Bord klettern und sich ausruhen.

W. F. Beasley, der leitender Ingenieur im kraftfahrtechnischen Zweig der Ordnance Technical Division war, bestätigte, daß die Army die Entwicklung des »Motorkarren« finanziert hatte. Die Empfehlung dazu war von einem technischen Ausschuß gekommen, der ein amphibisches geländegängiges Aufklärungsfahrzeug entwickeln wollte. Den Bericht dieses Ausschusses hat, wie Beasley sagt, Colonel Terry (damals noch Hauptmann) verfaßt. Darin findet sich auch ein Hinweis auf einen 0,25 t-Schlepper, der 1919–1920 in Erwägung gezogen wurde.

Damals verlangten die Quartermaster und das Ordnance Corps ein Erkundungsfahrzeug, das auch Nachschubgüter einschließlich Munition befördern konnte. Schon in diesem frühen Stadium wurde ein niedriges Profil als ein Konstruktionsmerkmal gefordert. Bei den 15 leichten Fahrzeugen, die 1921 erprobt wurden, war ein keineswegs neuer Dodge, dessen Modifikationen ihm die Siegespalme beim Wettbewerb um den Ruhm, das erste Halbkettenfahrzeug zu sein, eingebracht hätten. Auch das Modell T von Ford wurde mit einem Kettenlaufwerk ausgerüstet; fünf Jahre – so behauptet Colonel Terry – bevor Citroën unter Verwendung von Gummiketten seine berühmte Sahara-Durchquerung vollführte. In diesem Zusammenhang spielt die Frage, wer denn nun der Erste war, keine Rolle. Was wirklich zählt, ist, daß die Entwicklungsarbeit stetig voranschritt, eine Entwicklung, die endlich den Jeep hervorbrachte.

Einige der Kettenfahrzeuge, die laufend in Aberdeen getestet wurden, galten als geistige Kinder eines Majors W. A. Capron vom Ordnance Corps. Da sie aus blankem Aluminium waren, erhielten sie den Spitznamen »Caprons Silberfische«. Sie entpuppten sich jedoch als ein Musterfall, wieviele Fehler und falsche Berechnungen man machen kann.

17

Der Fortschritt ging weiter. Die anschließende Entwicklung war das Verdienst von General L. H. Campbell Junior (der 1942 der technischen Truppe vorstand, damals aber Major an der Erprobungsstelle Aberdeen war). Weil ihm die getesteten Halbkettenfahrzeuge nicht so recht zusagten, entschied Campbell, daß für den Einsatz im Gelände die beste Lösung ein Auto mit ganz niedriger Getriebeübersetzung wäre, das man von allem Überflüssigen befreit hatte. Für die Erprobung wurde ein Ford Modell T ausgewählt. Dieser wurde bis auf das Fahrgestell abgerüstet, was das Gewicht auf 544 kg (1200 lb) senkte. Das verbesserte zwar die Leistung, doch verloren jetzt die Hochdruckreifen – die nur eine Breite von 76–89 mm (3–3,5 Zoll) aufwiesen – auf schwerem Boden an Kraftschluß. Als nächster Schritt wurden daher die Räder zur Aufnahme von breiteren Flugzeugreifen abgeändert. Darin kann man die Vorläufer der Ballonreifen sehen.

Obige glaubhafte Erklärung stammt von W. F. Beasley, der weiter sagte, daß sich diese Änderung erheblich auswirkte. Das Modell T erhielt dann zwei Kübelsitze und einen Pritschenaufbau mit einem Leinwandverdeck als Schutz vor dem Wind. Das Ergebnis war das bis dahin leichteste Fahrzeug »und es verkörperte die Grundidee des Einheits-Jeep von heute«.

Colonel Terry schrieb dazu, daß die Fahrleistungen trotz gewisser Kinderkrankheiten denen von Kettenfahrzeugen überlegen waren, besonders was das Überschreiten von aufgeweichtem Gelände anbetraf. Das Fahrzeug bewirkte, daß sich die Entwicklung auf das leichte Radfahrzeug konzentrierte. Dies führte schließlich zum Jeep. Gleichzeitig war es das Ende von Bauformen, die über die Durchfurtungstiefe hinaus schwimmfähig waren.

Wie Beasley sagte, erhoben die Teilstreitkräfte so viele Forderungen, darunter sogar Polstersitze, daß das Gewicht wieder auf das eines normalen Fahrzeugs anstieg und die Grundidee verwässert wurde.

Der bedeutendste Vorläufer des Jeep war ziemlich sicher der ½-Tonner Ford, den Marmon-Herrington in Indianapolis entwickelte. Dieser begann als Umbau eines 1½-Tonnen-Ford-Lkw. Anfang der dreißiger Jahre gab es in Europa und Amerika weitsichtige Leute, die die Notwendigkeit einer Modernisierung des Militärgerätes für den Fall eines zweiten Weltkrieges erkannten. In England zum Beispiel hatte Mitchell Visionen der Neuerungen, die in der »Schlacht um England« zum Siege führten. Und was die Geschichte des Jeeps betrifft, so erkannte Arthur W. Herrington, im ersten Weltkrieg Oberst und jetzt Präsident von Marmon-Herrington, den Bedarf an einem Fahrzeug für die Armee.

Herringtons Unternehmen war berühmt geworden durch mehrradangetriebene, schwere Nutzfahrzeuge mit bis zu 25 Tonnen Tragkraft. Er sah, daß neben all den schweren militärischen Transportfahrzeugen bis hin zu den Selbstfahrlafetten, Bedarf an einem leichteren und beweglicheren Fahrzeug mit höchstmöglicher Geländegängigkeit bestand. Dies war 1934, aber erst später, als die Zeit drängte, rüstete Marmon-Herrington einen 1,5-t-Ford auf Allradantrieb um. Dieser war viel schwerer als der leichte Spähwagen, der den Militärs vorschwebte, aber seine Grundzüge erschienen nach Meinung der Armee ausbaufähig. So hatte Herrington beispielsweise bewiesen, daß auch ein bereits in Massenfertigung stehendes Fahrzeug noch umgebaut werden konnte.

1936, zwei Jahre zuvor, hatte Herrington bei einer Europareise das Interesse der belgischen Regierung an dem 1,5-Tonner-Umbau geweckt. Nach reiflicher Überlegung wollten aber auch die Belgier etwas Leichteres. Daraufhin begann die Gesellschaft mit der Planung einer Umrüstung des Ford-0,5 t-Lkw, eines Fahrzeugs, das ursprünglich als leichter Lieferwagen entworfen worden war. Dieses wurde nach gründlicher Erprobung Ende 1936 nach Belgien verfrachtet. Im folgenden Juni kaufte das US-Kriegsministerium davon die ersten fünf mit der Bezeichnung LD-1. Im Zeitraum von 18 Monaten folgten weitere Bestellungen dieses Fahrzeugs, das den Spitznamen »Darling« erhielt.

Anfang 1938 begann die ausgedehnte Erprobung. Der Abschlußbericht sagt hierzu:»Dieser Bericht gibt allen zu denken, die bisher bei einem Waffen- und Munitionsträger für die Infanterie nur an ein Kettenfahrzeug gedacht haben. Die Ergebnisse rechtfertigen es, daß wir unsere Positionen auf diesem Gebiet neu überdenken. Trotz aller vorgefaßten gegenteiligen Meinungen muß hier festgehalten werden, daß der 0,5 t-4 × 4-Lkw Hindernisse überquerte, an denen andere Fahrzeuge scheiterten. Darüber hinaus hat er mit seiner normalen Zuladung Panzerabwehrgeschütze über Hindernisse gezogen, die die Schlepper noch nicht einmal ohne Nutzlast schafften. Es mag hier interessieren, daß ein Maultier es nicht schaffte, den Transportkarren des 81 mm-Granatwerfers mit 227 kg (500 lb) Nutzlast Hänge hinaufzuziehen, der der Lkw mit Leichtigkeit erklomm.

Durch die Verwendung des Lkw als Träger für Waffen und Munition verringern sich die Nachteile aller Traktoren auf ein Mindestmaß; wie hohe Beschaffungskosten, kurze Nutzungsphase, aufwendige Wartung und Betrieb, mechanische Unzuverlässigkeit und Bedarf an Sonderausbildung für Fahrer und Warte.

In Anbetracht der herausragenden Leistung des 0,5 t-4 × 4-Lkw wird dieses Fahrzeug als das gegenwärtig beste verfügbare seines Typs eingeschätzt. Bestimmt hat es mit Sicherheit nachgewiesen, daß es für Infanterie-Einheiten folgende Funktionen zufriedenstellend erfüllen kann: Munitionstransporter, Waffenträger, Transport von Fernmeldegerät und Zugfahrzeug für die 37 mm Pak.«

Als Ergebnis dieses Berichtes gab Anfang 1939 das Kriegsministerium 64 dieser nützlichen 0,5 t-Fahrzeuge in Auftrag. Der Antrieb auf alle vier Räder war sicher der entscheidende Faktor. Die Anzahl wurde nach einer Bewertung des damaligen militärischen Bedarfs festgelegt. Mit dem Eintritt in den Militärdienst wurde der »Darling« bei den Truppenteilen, die ihn benutzten, zum »Our Darling« (unser Liebling). Dieses Fahrzeug war mit seinem niedrigen Profil, seiner Nutzlastkapazität und der damals beachtlichen Geschwindigkeit von 56 km/h (35 mph) ein echter Ahne des Jeeps.

Es ist bereits erwähnt worden, daß zwischen den Kriegen sowohl militärische wie auch zivile Ingenieure an dem arbeiteten, was sich als das Jeep-Motiv erweisen sollte, manchmal ohne jeden finanziellen Rückhalt und oft mit Hilfe der Begeisterung jener, die geeignete Werkstätten besaßen und Zugriff zu »Brocken und Teilen« hatten (meist bei der Armee).

Mitte der dreißiger Jahre besuchte ein Captain Robert G. Howie Motorenhersteller in Detroit und anderswo, ohne daß bemerkt wurde, daß er dies in seinem Urlaub und auf eigene Kosten tat. Bei Leuten, die sich mit der Geschichte des Automobils befassen, gilt Howie als Berühmtheit, aber hier zuerst die Chronik seiner Aktivitäten, die auch zur Entwicklung des Jeep führten.

Howie interessierte sich zu jener Zeit für »midgets« (Kleinrennwagen) und verstand daher einiges von kleinen Motoren und den dazugehörigen Getrieben, Achsen, Rädern usw. Sein Name ist auch durch den Howie-Wiley-Maschinengewehrträger gut bekannt. General L. McD. Silvester, der Kommandeur der 7. US-Panzerdivision, hat erklärt, daß seiner Meinung nach die Ideen von Howie – die zur Entwicklung dieses Waffenträgers führten – dann später in der Entwicklung des Jeep kulminierten.

Was den Waffenträger betrifft, so entstand dieser in Zusammenarbeit von Howie mit Master Sergeant (Stabsfeldwebel) Melvin C. Wiley von der Infanterieschule in Fort Benning. Wie der spätere Jeep war der carrier ein Fahrzeug von 0,25 t, jedoch war der Motor hinten eingebaut und hatte den Antrieb vorn. Dem lag – wie bei den vielen heutigen Frontantriebautos – der Gedanke zugrunde, daß man mehr Gewicht ziehen als schieben kann. Hinten saß unter dem Motor eine Achse von dem Typ, wie sie sonst vorn eingebaut wird. Im Zuge der Weiterentwicklung ging man dann auf Vierradantrieb über, wobei der Achsenhersteller Timken-Detroit mit Rat und Tat zur Seite stand. Erst Anfang 1937 wurde das Projekt mit Nachdruck verfolgt. Fast alle Einzelteile kamen entweder vom Regal, weil sie zu Serienfahrzeugen gehörten, oder wurden von Wiley hergestellt. Viele Teile waren von Austin, so auch der Vierzylindermotor mit Wasserkühlung. Ansonsten durchwühlte man Schrottplätze auf der Suche nach Brauchbarem. Die Erprobungen durch den Infanterie-Ausschuß endeten meistens mit Lob. Andererseits war jedoch die Geländegängigkeit beschränkt, woran – trotz der üppigen Reifen – die kleinen Räder schuld waren. Eine Federung gab es nicht. Eigentlich war es eine Plattform, auf der die Zweimannbesatzung sich hinlegen und damit ein möglichst kleines Ziel bieten konnte.

Der Anspruch dieses kleinen Buggies, als Großvater aller Jeeps zu gelten, gewinnt im Lichte der folgenden Ereignisse an Glaubwürdigkeit. Barney Roos wurde im März aufgefordert, an einer Vorführung teilzunehmen. Er entwickelte dort sofort seine Vorstellung eines Fahrzeugs für Zwecke des Militärs, das ganz niedrig und von höchster Beweglichkeit war, jedoch auf dem leichten Wagen von Willys beruhte. Dieses Konzept trug er auf Stabsebene vor.

Ungefähr gleichzeitig beschäftigte sich eine militärische Arbeitsgruppe mit der gleichen Materie. Ihr gehörte Lieutenant Colonel (Oberstleutnant)

20

W. F. Lee vom Stab des Inspizienten der Infanterie an. Colonel Howie erzählte, wie er in Begleitung eines Zivilingenieurs namens Brown (vom Kriegsministerium) zur Firma American Bantam entsandt wurde.

»Brown ging nach sieben oder acht Tagen. Ich blieb noch eine Woche oder zehn Tage, um Details der Karosserie, Triebwerk, Bodenfreiheit, Geländeleistung, Rad- und Reifengrößen usw. festzulegen. Ich habe alle meine Zeichnungen, Aufstellungen etc. der Bantam Company übergeben«.

Ein Mitglied des technischen Ausschusses, der dabei war, schrieb: »Jedes Komiteemitglied bestieg eines von deren (Bantams) Autos und fuhr damit auf eine Rennstrecke. Dort spielten wir Fangen und stellten innerhalb des Kurses alle möglichen Verrücktheiten an. Dann nahmen wir die Autos ins Gelände und probierten sie dort einen halben Tag aus. Dann haben sich auf Anweisung des Komitees die Armeeingenieure . . . und ich zusammengesetzt, um die Leistungsdaten für ein Fahrzeug, wie es unserer Meinung nach das Heer brauchen würde, festzulegen.

Als erstes forderten wir Vierradantrieb, dann legten wir als zweites den Radstand fest, drittens Breite und Höhe, viertens eine Dreimannbesatzung, fünftens die Bewaffnung: Ein MG im Kaliber 0,3 Zoll (7,62 mm × 63) auf Sockellafette, sechstens die Motorleistung, siebtens Leistungsdaten, achtens sollte die Kühlanlage eine Kriechgeschwindigkeit von 5 km/h (3 mph) ermöglichen, neuntens Geländegängigkeit und Steigfähigkeit, zehntens sollte es ein handelsübliches Nutzfahrzeug mit Mehrradantrieb sein, elftens sollte die Bodenfreiheit unter Achsmitte mindestens 158 mm (6,25 Zoll) betragen.«

Zu diesem Zeitpunkt hielt man die Fertigungskapazitäten von Bantam für ausreichend. Der Inspekteur der Infanterie wertete dann alle Informationen aus und schließlich erging die Botschaft des Generalquartiermeisters an die noch nie dagewesene Zahl von 135 Firmen.

Das Bantam-Epos bliebe unvollständig ohne die Erwähnung von Harold Crist. Er war der Werkleiter von Bantam und leitete die Präsentation des Wagens vor dem Komitee. Er war vorher achtzehn Jahre bei Stutz in Indianapolis gewesen. Dort hatte er Rennautos gebaut und sich als ein Fahrer von Weltrang erwiesen. Brown, der zivile Ingenieur, arbeitete mit Crist die allgemeinen Anforderungen aus. Der wichtigste Punkt dabei war, daß sie übereinkamen, daß das geplante Fahrzeug (der erste Jeep) von Grund auf neu konstruiert werden müsse und nicht aus dem Bantam abgeleitet werden sollte.

Als an die 135 Firmen die Aufforderung erging, sich an der Ausschreibung zu beteiligen – wobei sich anfangs nur Bantam der Herausforderung stellte – waren die Leistungsdaten zum großen Teil das Verdienst von Harold Crist.

2. Der Sieger wird ausgewählt

Der Wettbewerb um den begehrten Preis, der später einmal als der Jeep bekannt werden sollte, trat in seine Schlußphase, nachdem das Heer von Bantam, Willys und Ford jeweils 1500 ihrer Modelle gekauft hatte. Es war alles bereit für die abschließende Erprobung durch die Quartiermeistertruppe. Vertreten waren auch die Kavallerie (Aufklärer), Infanterie, Feldartillerie, Panzertruppe und Pioniere. Hier ist die vorläufige technische Forderung des Heeres (LP-997A):

1. Eine Höchstgeschwindigkeit auf ebener Straße von nicht weniger als 88 km/h (55 mph) bei einer Motordrehzahl, die die der Höchstleistung nicht übersteigt.

2. Eine Mindestgeschwindigkeit auf ebener Straße von nicht mehr als 5 km/h (3 mph).

3. Die Fähigkeit, Wasserläufe (mit festem Untergrund) mit mindestens 460 mm (18 Zoll) Wassertiefe zu durchfurten, mit einer Geschwindigkeit von mindestens 5 km/h (3 mph), ohne daß das Wasser auf das Fahrzeug eine Wirkung zeigt.

4. Für die Reifen der Antriebsräder werden Gleitschutzketten gefordert, die beim Befahren gefährlichen Terrains häufig benutzt werden. Die Konstruktion des Wagens soll ein zufriedenstellendes Aufziehen und Verwenden der Gleitschutzketten gestatten.

5. Das Gewicht des voll ausgerüsteten Wagens (einschließlich Schmierstoffe und Wasser), jedoch ohne Kraftstoff, Gleitschutzketten und Nutzlast soll 950 kg (2100 lb) nicht übersteigen bei Zweiradlenkung und 987 kg (2175 lb) bei Vierradlenkung und es sollen alle Anstrengungen unternommen werden, die sich mit ingenieursmäßigem Vorgehen vereinbaren lassen, das Gewicht zu verringern.

6. Die Nutzlast soll 363 kg (800 lb) betragen bei voller Besatzung (einschließlich Fahrer) und mit Rädern vom Militärtyp.

22

7. Der vordere Böschungswinkel muß mindestens 45 Grad betragen, der hintere Böschungswinkel mindestens 35 Grad, wobei das Fahrzeug voll ausgerüstet, beladen und waagerecht stehen muß.

Das waren in der Tat beachtliche Forderungen. Für Leser, denen die letzte Auflage nichts sagt, sei bemerkt: Dies bedeutet, daß der plötzliche Übergang von der Ebene auf 45° bewerkstelligt werden mußte, ohne daß die vordere Unterkante des Wagens den Hang berührt. Beim Übergang aus einem solchen Neigungswinkel in die Waagerechte werden aller Wahrscheinlichkeit nach die Bremsen betätigt. Der kleinere Winkel von 35° soll dabei die Gewichtsverlagerung nach vorn berücksichtigen.

Die drei Wettbewerber des Rennens um die Bedarfsdeckung für einen militärischen 0,25 t-4 × 4 schafften das Gewichtslimit und so begann die Schlacht zwischen 4500 Autos in Test-Zentren, Erprobungsstellen und Querfeldein-Alltagsbetrieb. Zahllose Prüfer suchten nach Fehlern und Ausfällen, vom schwerwiegendsten bis zum vergleichsweise unbedeutenden. Das ganze Zeitalter des Automobils hindurch hatten Prototypen mit ihren Anfangsschwierigkeiten zu kämpfen. Wenn wir uns an die Umstände bei der Geburt dieser drei Modelle zurückerinnern und die Bedeutung berücksichtigen, die dabei der

Der Willys Quad von 1940. Die Windschutzscheibe ist einteilig, das Stoffverdeck hat keine Mittelstrebe. Das einprägsamste Kennzeichen ist vorn der Kühlergrill.

Zeitfaktor besaß (man muß sich vor Augen führen, daß in Europa der zweite Weltkrieg schon ausgebrochen war und die Truppen der Alliierten dringend auf die Zuführung eines solchen Fahrzeugs warteten), ist eigentlich die Zahl der aufgetretenen Probleme bemerkenswert gering.

Es ist Geschichte, daß Willys-Overland gewonnen hat, und die Art und Weise, wie dies geschah, ist in den amtlichen Berichten vieler Schiedsrichter festgehalten. Die folgenden Kommentare sind entweder zeitgenössisch oder im Rückblick ausgesprochen. Sie stammen von Männern wie Major C. A. Stein von der Schule der Feldartillerie in North Carolina, Major J. W. Knott (Artillerie), Major J. C. Dotson (Ausbildung) und von den Obersten, die dem Projekt am nächsten standen.

»Beim Ford gab es oft Ärger, weil sich das Getriebe nicht schalten ließ: Wegen der Anordnung des Schalthebels sprangen die Schaltgabeln heraus. In der Kraftstoffleitung bildeten sich Dampfblasen dort, wo sie nahe dem Auspuff oder anderen erhitzten Motorteilen verlief . . . der Motor zu schwach . . . die Lichtmaschine saugt Schlamm an . . . und die Spurstange lag vor der Achse und wurde immer wieder von Baumstümpfen verbogen.«

Andere kritische Bemerkungen erwähnten Ausfälle »wegen des Gewichts über der Hinterachse« und »weil er zu niedrig ist«. Dann wurde noch fehlende Leistung bemängelt und daß die Zündung schwierig einzustellen war.

Die Artillerie berichtete, daß der Bantam viele Fehler aufwies. Ein Ruck am Lenkrad ließ ihn nach links ausbrechen, die Stoßdämpfer waren äußerst dürftig und die zu leichte Batteriehalterung mußte oft geschweißt werden. Das Getriebe, das dem des Bantam-Pkw entsprach, war zu schwach für die Beanspruchung. Die Zahnräder verschlissen schnell, obwohl sie später verstärkt wurden. Das Getriebe lag zu tief, das Heer fand es notwendig, bei bestimmten Geländeverhältnissen Abweisbleche darunterzusetzen. Ein weiterer Getriebefehler war die

zu schwache Synchronisierung. Aber es gab auch Pluspunkte. Der Motor galt als besser als der von Ford. Der Ford besaß eine Lichtmaschine, in die der Lüfter Schlamm schaufelte. Die ersten Ford waren mit dem V-Motor eines Traktors ausgestattet. Das Getriebe war nicht synchronisiert, so daß »doppeltes Kuppeln« notwendig war; die Zündung mußte jede Woche neu eingestellt werden.

Vereinfacht konnte man Ford- und Bantam-Motor so bewerten: Der Ford war für den Betrieb mit einem Drehzahlregler ausgelegt und machte Ärger mit den Lagern; der Kühler des Bantam verursachte Überhitzung, beispielsweise bei Sandstrecken. Der Bantam wurde in Kraft und Fahrleistungen von dem Ford geschlagen.

Colonel R. R. Robins sagte, daß die drei Autos sich stark unterschieden, ihn aber das Leistungsgewicht des Willys und die Lebensdauer von dessen Maschine beeindruckten. Colonel Oseth, ein wichtiger Prüfer, sagte später, alle drei Modelle wären zufriedenstellend gewesen, doch hätte die Truppe den Willys wegen seiner Motorleistung bevorzugt. Das machte der Unterschied zwischen 45 PS und 60 PS. In »Hail to the Jeep« (Heil dem Jeep) von A. W. Wade weist der Verfasser zu Recht darauf hin, daß zwar der Willys-Motor sozusagen in aller Munde war, seine Popularität bei der endgültigen Entscheidung aber nicht der einzige Faktor war. Diese wurde auch von der Robustheit des Wagens beeinflußt, der trotzdem noch innerhalb der Gewichtsgrenzen blieb.

In der Zeitschrift «Army Ordnance» (Heerestechnik) hat im Herbst 1944 Major E. P. Hogan in einem Artikel mit der Überschrift »Der Jeep in Aktion«

Willys fing mit dem Quad an, links. Dann kommt der berühmte MB, der von seiner Einführung bis nach Ende des Krieges das Standardfahrzeug war. Dann kamen 1950 der M 38 mit seiner ungeteilten Windschutzscheibe und 1951 der kurvenreichere M 38 A1. Hier ist das wohlbekannte Quartett.

die Gesichtspunkte, die eine Entscheidung zugunsten des Willys herbeiführten, zusammengefaßt:

»Von den Original-Pilotmodellen, die Bantam, Ford Motor Company und Willys-Overland Motors Inc. vorgestellt hatten und die immer wieder auf einer der härtesten Teststrecken im Bereich des alten Quartiermeister-Depot Holabird in Baltimore auf Herz und Nieren geprüft wurden und von den 1500 Fahrzeugen, die jeder dieser Hersteller 1941 gebaut hat, wurde schließlich von den Ingenieuren des Heeres der Willys ausgewählt, weil er der Erfüllung der Armeeforderungen am nächsten kam. Der Preis des Willys lag niedriger und der Motor des Willys war stärker. Dennoch ist die Entscheidung, auf den Willys zu setzen, erst nach mörderischen Erprobungen bei Übungen und auf Truppenübungsplätzen von einem Ende Amerikas zum anderen gefallen.«

Die Vorzüge des Willys führten zu einer Erstbestellung von 16 000 Stück, die später auf 18 600 erhöht wurde.

Das betrübliche Ausscheiden der Firma Bantam aus dem Wettbewerb beruhte letztlich darauf, daß es ihr an der Fertigungskapazität mangelte, um die hohe Anzahl von Fahrzeugen, um die es hier ging, zu schaffen. Einer der Sachverständigen war Colonel Van Deusen. Er sagte, man habe als zweiten Schritt auch die Produktionskapazitäten überprüft und schloß:»Die Produktion war hier nur ein Zusammenbau aus lauter gekauften Teilen. Sie haben die Spicer-Achse verwendet und der Aufbau war das einzige, was sie selbst beisteuerten.«

Es ist das Verdienst der Planer des amerikanischen Heeres, daß sie die Gefährdung durch Sabotage oder Bombenangriffe erkannten und auf zwei Lieferfirmen bestanden. Es war eine interessante Situation, daß zwei große Hersteller das gleiche Fahrzeug bauten. Dabei muß man sich ins Gedächtnis zurückrufen, daß zu diesem Zeitpunkt die USA nicht am Kriege teilnahmen und daß die Automobilhersteller miteinander im Wettbewerb standen.

In dieser Situation erfuhr Generalquartiermeister E. B. Gregory, daß Edsel Ford in Washington weilte. Als sich Gregory in Begleitung des späteren Brigadegenerals H. J. Lawes aufmachte, um Ford aufzusuchen, traf er ihn zufällig im Amt für Eisenbahnpensionäre. General Gregory sagte, das Heer habe den Willys ausgewählt und wolle ihn einführen. Er wies darauf hin, daß bei der Notwendigkeit von zwei Lieferfirmen Edsel Ford und seine Firma der Armee und dem Land einen unschätzbaren Dienst erweisen würde, wenn er den Willys-Entwurf mit dem Willys-Motor bauen würde. Dabei sollten alle Teile mit denen von Willys austauschbar sein. Unter diesen Umständen war die Antwort, die Edsel Ford ohne Zögern gab, bemerkenswert:»Gentlemen, die Antwort lautet ja«.

Das Ergebnis war, daß Willys der Firma Ford – kostenlos – alle Konstruktionszeichnungen und Patente für das 0,25 t-4 × 4-Fahrzeug überließ.

Es ist nicht so einfach, wie es scheint, den Ursprung eines Namens, der zum Markenzeichen geworden ist, zurückzuverfolgen. Dazu kommt noch, daß weitere Verwirrung entsteht, wenn ein Handelsname als Gattungsbegriff benutzt wird; wie »Thermos« für eine vakuumisolierte Flasche oder »Colt« für Revolver. Daher merke man sich, daß sich heute die American Motors Corporation den Namen Jeep hat schützen lassen. Das »J« ist daher immer ein Großbuchstabe. Man kann also nicht jeepfahren, sondern höchstens mit einem Fahrzeug vom Jeep-Typ, was nur einen 4 × 4 ähnlicher Größe bedeuten kann; doch selbst dies kann einen Jeep kränken!

Während der Entwicklung gab es viele Spitznamen. Ein typischer war »Blitz Buggy« und ein anderer »Puddle Jumper« (Pfützenspringer). Sicher konnte man von niemandem im Ernst erwarten, daß er dieses vielseitige Fahrzeug jedesmal den »Viertel-Tonner-vier-mal-vier« nannte. »Jeep« wurde zuerst für den ersten Willys benutzt. Die Geschichte, wie dies zustande kam, ist zuverlässig verbürgt. Damit verblaßt die volkstümliche Erklärung, daß der Name von dem »**G**eneral **P**urpose« (Allzweck) Ford GP (ausgesprochen »tschie pie«) abgeleitet sei. Außerdem wurde im Verlaufe der Erprobung GP in GCA abgeändert.

Es scheint tatsächlich nur einen einzigen Taufpaten zu geben: Irving »Red« (der Rote) Hausmann, der Versuchsfahrer von Willys-Overland in Toledo, Ohio. Dabei war der Name schon damals, wie wir noch sehen werden, nicht mehr originell. Hausmann hat ihn aber in beharrlicher Zielstrebigkeit immer wieder benutzt, eine Wahl, die sich als perfekt erwies; denn der Name kam überall an und wurde schließlich auch von Willys-Overland offiziell aufgegriffen.

Hausmann erzählt die Geschichte so: Er fuhr den ersten Willys Prototyp nach Holabird. Sein Beifahrer war Don Kenower. Der Konkurrent von Ford traf kurz nach ihm ein, also mußte ein Unterscheidungsmerkmal gefunden werden. Hausmann war stolz auf »sein Auto«, er wollte es nicht mit anderen Namen wie »Bantam« (Zwerghuhn), »Bug« (Käfer), »Midget« (Zwerg), »Ford GP«, »Quad« oder »Peep« verwechselt haben. Er wählte daher selbst den Namen »Jeep«, der bei den Soldaten, die alle möglichen Namen ausprobierten, Beifall fand. Der Jeep wurde dann Sieger, wonach Hausmann den Namen laufend weiter benutzte, so daß er bald allgemein als Bezeichnung für einen Willys verwendet wurde. Als Hausmann nach Toledo zurückkehrte, übernahm seine Abteilung diese Namensgebung.

Diese Geschichte wird von Barney Roos bestätigt, dem geistigen Vater des Entwurfs und der Entwicklung des Jeep und auch von Donald S. Stone, der die Entwicklungsabteilung leitete. Es scheint festzustehen, daß »Jeep« nur in Verbindung mit dem Willys benutzt wurde. Eine weitere Bestätigung lieferte Colonel Duell. Er sagte, daß der Name für die frühen Bantam-Modelle nicht verwendet wurde. Dies alles ereignete sich 1940 während der Erprobung, als

Bei der Erprobung des Ford GP Pygmy (Pygmäe) in Holabird Ende 1940. Dieser besaß den Ferguson »Dearborn« Schleppermotor und das Getriebe von Ford Modell A (Imperial War Museum).

knappe Zeitvorgaben genau eingehalten werden mußten. Keine Zeitung jener Zeit hat den Namen für ein anderes Fabrikat als den Willys gebraucht.

Von der Öffentlichkeit wurde der Name Jeep wahrscheinlich endgültig im Februar 1941 übernommen, als Red Hausmann den Wagen für Katherine Hillyer von der Washington »Daily News« vorführte. Mit dem Selbstbewußtsein des Testfahrers ließ Hausmann den Willys seine Kunststücke vollführen. Am Ende fragte ein Dritter nach dem Namen. Red antwortete: »Es ist ein Jeep«. Natürlich verwendete die Journalistin diesen Namen in ihrem Bericht und das dazugehörige Foto brachte ihn in der Bildunterschrift. Der Artikel erschien am 19. Februar 1941.

Am gleichen Tage hatte Hausmann den Wagen die Stufen des Kapitols in Washington hinauf- und heruntergefahren, worüber die Presse landesweit detailliert berichtete. Von diesem Punkte an war der Name, den Zeitungen und Zeitschriften ständig wiederholten, so etabliert, daß selbst die Militärs, die solche Formlosigkeit ablehnten, ihre Einstellung änderten. Jeep wurde zur offiziellen Bezeichnung. Als beispielsweise ein militärischer Autor (Major E. P. Hogan) 1941 eine Geschichte der Entwicklung des Jeeps schrieb, wurde ihm anfangs verboten, dieses Wort in seinem Untertitel aufzunehmen. Als es jedoch so weit war, daß er seine Forschungsarbeiten abgeschlossen und seine Stoffsammlung zusammengetragen hatte, erhielt er auch dafür die Genehmigung.

Mit Schwung! Ein bekanntes Foto von zwei Soldaten, die mit einem Ford GP ihren Spaß haben.

Die breite Öffentlichkeit griff den Namen »Jeep« auf, ohne sich groß über den Ursprung des Wortes Gedanken zu machen. Er tauchte in den Schlagern jener Tage auf, zum Beispiel »Six Jerks in a Jeep« (Sechs Kerle im Jeep), »Four Jills in a Jeep« (Vier Miezen im Jeep) und »Little Bo Peep has lost her Jeep« (. . . »hat ihren Jeep verloren«, wobei es in dem parodierten Kinderlied »sheep« = Schafe heißt).

In der berühmten Comic-Serie »Popeye« hieß damals eines der Tiere »Eugen der Jeep«. Er erschien ab 1937. Wie Popeye war er eine Schöpfung des verstorbenen E. C. Segar (vom King Features Syndicate Inc.). Segar schilderte den Jeep als ein unsichtbares vierdimensionales Geschöpf, das in Afrika lebte und sich von Orchideen nährte. Er konnte jedoch auch dreidimensional und sichtbar werden und vermochte in die Zukunft zu sehen. Hausmann mag wohl diese magische Kreatur vorgeschwebt sein, als er den Namen schuf. Schließlich konnte auch der mechanische Jeep fast alles.

Segar hat die Popeye-Zeichnungen geschaffen. Sie halfen zweifellos Spinat zu verkaufen, aber anscheinend zeugten sie auch Jeeps. Dies ist der wunderwirkende Eugene der Jeep, der bis ins Jahr 1936 zurückgeht. Er konnte alles machen; der nachfolgende 0,25 t-4 × 4 auch (1937 King Features Syndicate, Inc.).

Die Forschung nach den Wurzeln des Namen Jeep förderte zutage, daß der jetzige Jeep bei weitem nicht das erste Fahrzeug mit diesem Namen war. 1936 benutzte die Halliburton Oil Well Cementing Company den Namen Jeep für ein Fahrzeug, das für geologische Forschungen eingesetzt wurde und Meßergebnisse elektrisch aufzeichnete. Da Eugen der Jeep mit einem elektrischen Schwanz ausgestattet war, muß der Name auf die gleichen Wurzeln zurückgehen.

Wegen des Copyrights gab es Streit zwischen King Features und Halliburton, bis Halliburton allmählich den Namen Jeep fallen ließ. 1938 führte zwar der Vorsitzende der Halliburton Gesellschaft bei einer internationalen Ausstellung ein Tier aus Honduras vor, dessen Äußeres dem des Jeep im Comic-Strip ähnelte, aber trotzdem wurde der Name nicht länger kommerziell benutzt.

Ein weiterer Anspruch, als Erster den Namen Jeep verwendet zu haben, wurde von W. C. McFarlane erhoben, dem Präsidenten der Minneapolis-Moline Power Implement Co. Deren Traktor wurde für Zwecke der Militärs abgeändert und von dem Fahrer, Sergeant James T. O. Brien, »Jeep« genannt. Das Fahrzeug wurde 1937 dem Adjutant General vorgeführt, der Name erschien aber erst im Herbst 1940 in Druck, in der St. Paul »Pioneer Press«. Etwa ein Jahr lang wurde der Name für dieses schwere Fahrzeug benutzt, dann hatte er sich aber auch für den Jeep eingebürgert.

Weitere Ansprüche auf diesen Namen erhob man für einen Autogiro-Tragschrauber, der für Militärzwecke entworfen worden war. In diesem Falle war Colonel H. F. Gregory der Taufpate. Ein Colonel G. F. Johnston behauptete, diesen Namen hätte auch das Flugzeug Y-17 erhalten, das 1937–38 getestet wurde. Er wurde wieder fallengelassen, weil der Name des kleinen Zauberwesens Eugen der Jeep als unpassend für ein Flugzeug mit solch großen Abmessungen empfunden wurde. Colonel Johnston sagte auch, daß Colonel Gregory wegen des Autogiro eine Jeep-Puppe erhalten hätte. Wäre dieser Tragschrauber bei den Geschwadern in Dienst gestellt worden, wäre Eugen das Verbandsmaskottchen geworden. Der Zeichner und die Firmeninhaber hatten bereits ihre Zustimmung dazu erteilt. Der Giro wurde jedoch von anderen Fluggeräten verdrängt. Mit ihm verschwand der Name Jeep.

Damit ist aber noch keinesfalls der Streit abgeschlossen, der unter Etymologen unentwegt weiter tobt. Ein weiteres Beispiel: Major E. P. Hogan sprach darüber in den Tagen des Quartermaster Motor Transport Service (Quartiermeister Transportdienst) mit Heeres-Transportoffizieren und informierte sie, daß in Armee-Werkstätten dies ein alter Spitzname sei, mit dem alle neuen Fahrzeuge bezeichnet wurden, die man zur Erprobung erhielt. Bei der Panzertruppe wurde der Name auch verwendet; aber nicht in Bezug auf den 0,25 t-Spähwagen. An diesem blieb der Name erst hängen, als die breite Öffentlichkeit ihn benutzte.

Dann gibt es ferner die Peep-Jeep-Kontroverse. Noch im Dezember 1943 schrieb Colonel Claude A. Black aus Fort Knox über das Thema. Er sagte, daß in der Army das 0,25 t-Fahrzeug ein »Peep« genannt wurde. Der wahre Jeep war im Sprachgebrauch der Armee dessen 0,5 t-Gegenstück. Er gab jedoch zu, daß die Öffentlichkeit gesiegt hätte und das kleinere Fahrzeug jetzt als Jeep bekannt wäre.

Lexikographen, die Verfasser von Wörterbüchern, haben nach dem Ursprung des Wortes Jeep geforscht. Datiert es beispielsweise sowohl vor dem Wesen aus den Popeye-Zeichnungen wie vor dem 0,25 t-Fahrzeug? Kurz nach dem Kriege vertraten die Herausgeber von »Webster International Dictionary« die GP- (General Purpose) Theorie, die durch den Namen des Comic-Helden mitbeeinflußt worden sei. Bei ihren Nachforschungen zitierte die »Encyclopaedia Britannica« einen Aufsatz der bedeutenden Fachgröße H. L. Mencken, des Verfassers von »The American Language« (Die Amerikanische Sprache). In diesem Artikel, der im Dezember 1943 erschien, führte Mencken zuerst GP und Segars Zeichnungen auf, sagte aber dann, daß er dazu neige, mit John B. Opdycke übereinzustimmen, der ebenfalls ein bekannter Sprachkundler war. Die Definition von Opdycke wurde in voller Länge zitiert:

Jeep: Name des akrobatischen Aufklärungsautos des Heeres. Reimt sich passenderweise mit leap (Sprung). Eine Zusammenziehung aus GP general purpose. Das Baumuster trug ursprünglich eine Nummer und wurde im Schriftverkehr des Kriegsministeriums so bestellt: G P O (O für Order = Bestellung) Nr. . . . Die Bestellungen häuften sich, so daß sie nur noch als GP bezeichnet wurden und die Angehörigen des Ministeriums verkürzten – vielleicht unter dem Einfluß einer beliebten Zeichentrickfilm-Serie – diese Buchstabenkombination zu JEEP. Im ersten Weltkrieg wurde ein Rekrut ein »cookie« (Keks) genannt. Heute ist diese Bezeichnung fast archaisch, denn heute wird er als ein Jeep bezeichnet, was mit Sicherheit von dem Comic-Strip abgeleitet ist.

Mencken fragte aber trotzdem: »Kann jemand die wahre Sprachwurzel und Geschichte von ›jeep‹ liefern?« Es gibt und gab Leute, die Jeep heißen. Einer von ihnen kommt in Gibbons »Decline and Fall . . .« vor. (Rugby-Fans in England mögen auch meinen, daß ihr früherer internationaler Spieler Richard Jeeps seinen Namen zu Recht trug; denn das »S« zeigte an, daß er auf dem Spielfeld mehr als nur *ein* Mann war (Jeeps = Plural). Es gibt auch US-Soldaten, die den Namen Jeep tragen, was ihnen leicht peinlich sein mag. Wie dem alles auch sei – der 0,25 t-4 × 4 heißt jedenfalls Jeep.

DER BERÜHMTE MB

Sobald Willys-Overland der Auftrag über 16 000 Stück von ihrem Siegesentwurf erteilt worden war, der die Typbezeichnung MA trug, war es Zeit, eine abschließende Bewertung zu vollziehen und zu entscheiden, welche Veränderungen – falls überhaupt – die folgende Einheitsversion erfahren sollte. Änderungen blieben nicht aus, aber es ist von Bedeutung, daß, während einige Änderungen die Armee vorschlug und andere Willys selbst, dabei nur das

Ergebnis zählte. Dies war die Einstellung, mit der alle an der Entwicklung beteiligten an die Sache herangingen, da sie zu dem Fahrzeug eine echte Zuneigung empfanden. Die Änderungen gegenüber dem Pilotmodell sind im wesentlichen die folgenden:

1. Ein verbesserter Luftfilter im Ansaugtrakt, um eine amtliche Forderung zu erfüllen.

2. Eine größere Lichtmaschine für die 6 Volt-Anlage, die einen Höchststrom von 40 Ampere abgab. Dies war die Einheits-Q.M.C. (Quartermaster Corps-) Baugruppe, die mit einem standardisierten, einheitlichen Regler betrieben wurde. Änderungen dieser Art waren notwendig, um die Austauschbarkeit von Baugruppen zwischen verschiedenen Militärfahrzeugen zu gewährleisten. Im Notfall konnten Fahrzeuge ausgeschlachtet werden.

3. Der Kraftstofftank mußte im Volumen auf 54 Liter (15 US Gallonen) vergrößert werden. Dies war – kaum verwunderlich – nur schwer zu losen. Schließlich vergrößerte man den Tank so, daß er nicht mehr innerhalb des Rahmens lag (wohl aber immer noch innerhalb der Karosse).

4. Die Ingenieure des Heeres einigten sich auf »sealed beam« – Scheinwerfer mit 127 mm (5 Zoll) Durchmesser, in denen Zweifaden-Glühlampen leuchteten.

5. Anstelle der Batterie, die der Willys bisher hatte, forderte die Standardisierung die bereits eingeführte 2-H-Batterie, die in vielen anderen Militärfahrzeugen eingebaut und damit austauschbar war.

6. Dic Handbremse wurde in die Mitte verlegt, so daß sie auch der Beifahrer betätigen konnte.

7. Als nächstes kam der Schalthebel an die Reihe. Er hatte bisher vom Lenkrad aus das Getriebe über Gestänge geschaltet. Jctzt wurde stattdessen ein Schaltknüppel eingebaut, der direkt in das Getriebe eingriff. Einer der Gründe dafür war der Wunsch nach möglichst einheitlicher Bedienung, so daß ein Fahrer der Armee von einem Fahrzeugtyp auf einen anderen umsteigen konnte, ohne sich dabei groß vorher mit anderen Bedienungselementen befassen zu müssen.

8. Ein wichtiger Punkt zugunsten des Willys war die Position der Spurstangen gewesen. Diese lagen hoch über der vorderen Radaufhängung, vor jeder Gefährdung durch rauhes Gelände geschützt. Sie wurden noch höher gelegt.

9. Die Schläuche der hydraulischen Bremsen mußten vorn und hinten zusätzlichen Schutz crhaltcn.

10. Die Ingenieure von Willys verbesserten die Abstützung des Verdeckdaches. Sie schlugen vor, anstelle des gegenwärtig einzigen Rohrspriegels künftig deren zwei zu verwenden. Dadurch wurde die Kopffreiheit für den Fahrer verbessert, ohne daß sich der so wichtige Umriß änderte.

11. Bei früheren Erprobungen hatte sich herausgestellt, daß die Laschen für die Blattfedern zu hohen Wartungsaufwand erforderten. Die Armeeingenieure aus Holabird entwarfen daher zum Schutz vor Schmutz und Wasser Abdichtun-

Der traditionsreiche MB. Dieser hier gehört dem Automobilzeichner Michael Turner (Ron Easton).

gen, die die Lebensdauer der Laschen um das Dreifache verlängerten und gleichzeitig die Häufigkeit des notwendigen Abschmierens auf ein Drittel senkten.

12. Diejenigen, die seinerzeit alt genug gewesen waren, konnten sich noch gut an das britische Pionierkorps erinnern. Es hatte die mühsame Aufgabe gehabt, in harter Arbeit Feldstellungen usw. auszuheben. In den USA – wo diese Truppengattung die gleiche Bezeichnung trägt – wollten die staatlichen Ingenieure auch Pioniergeräte mitführen. Das bedeutete, daß an der linken Seite der Karosserie Halterungen für eine Schaufel und eine Axt angebracht wurden.

13. Die Beleuchtungseinrichtung wurde der Einheitsausrüstung angeglichen, die die anderen Militärfahrzeuge bereits besaßen. Dazu gehörten Tarnscheinwerfer vorn und Tarnbrems- und -rücklichter hinten.

14. Die Armee forderte die Anschlußmöglichkeit für einen Nebenantrieb über Zapfwelle. Dies war bei den ersten Modellen nicht vorgesehen gewesen. Später entwickelte sich hieraus eine ganze Reihe von Sondergeräten für die Marine und die Marineinfanterie.

Der MB in Rückansicht. Beachte die zusätzliche Mittenunterstützung des Verdeck-daches. Das zivile Kennzeichen wird bei Vorführungen gewöhnlich abgenommen. Weitere Einzelheiten sind im Kapitel 6 beschrieben (Ron Easton).

Die Fertigung lief an, aber es kamen wieder die üblichen Einfälle in letzter Minute. Die Reifen wurden von 5.50 auf 6.00 vergrößert. Stärkere Räder mit geteilter Felge brachten den zusätzlichen Vorteil, daß das Auto auch noch mit platten Reifen eine lange Strecke zurücklegen konnte. Hinten wurden Halterungen angebracht, um die berühmten »Jerry-can«-Kanister (nach deutschem Vorbild) als Kraftstoffreserve mitführen zu können. Diese Kanister faßten 5 US Gallonen (19 Liter), was beim Einsatz auf den Kriegsschauplätzen der englischen Streitkräfte zu dem etwas »krummen« Maß von 4,5 Imperial Gallonen (20 Liter) führte. Links unten wurde noch eine zusätzliche Tarnleuchte angebracht.

Anschlüsse mußten auch für die Beleuchtung eines Anhängers geschaffen werden; denn für den Einsatz mit dem Jeep war bereits ein 0,25 t-Anhänger vorhanden. Man nahm dafür die amtliche Einheitssteckdose. Wichtiger und schwieriger erwies sich die Entstörung für den Funkbetrieb. Man muß bedenken, daß es in jenen Tagen noch kaum ein Autoradio gab im Gegensatz zu heute, wo bei allen Autos der Hochspannungsstromkreis zu den Zündkerzen entstört

Das »Cockpit«. Rechts neben dem gewohnten Schalthebel für das Schaltgetriebe ist der Hebel zum Einschalten des Vierradantriebs und rechts von diesem der Hebel für die Geländeuntersetzung. Unter seiner Abdeckhaube (direkt unter der Windschutzscheibe) ein Karabiner M 1 (Ron Easton).

ist. Es waren nicht nur die Störfunken des Jeeps selbst, die beseitigt werden mußten, sondern auch die der benachbarten Fahrzeuge. Das dabei angewandte, heute allgemein übliche Verfahren war, die Störer an Masse zu legen und notfalls einen Kondensator parallel zu schalten. Dies war damals etwas Neues und die Problemlösungen wurden in Zusammenarbeit mit dem Signal Corps (Fernmeldetruppe) ausgetüftelt. Nach zwei Monaten liefen alle Fahrzeuge einheitlich voll entstört vom Band.

Das Ergebnis war das berühmte MB-Modell. Es sollte in der Fertigung von Willys und Ford bis zum Ende des zweiten Weltkrieges überdauern und nachher unter dem Markenzeichen von American Motors weiterleben. Seine Nachfolge wird einmal der Humvee antreten (siehe Kapitel 5).

Während nun das endgültige Modell des Jeeps in Serie ging, stand die militärische Version des deutschen »Volkswagens«, der Kübelwagen, bereits im

36

Der MB-Motor von rechts. Beachte, daß der Ölfilter genauso gut zugänglich ist wie der große Luftfilter. Auch an den Zündverteiler kommt man gut heran (Ron Easton).

Einsatz. Dieses Fahrzeug war eine von Hitlers Manipulationen gewesen, bei der Tausende seiner Volksgenossen ahnungslos angespart hatten; nicht für ein Auto für's Volk, sondern für ein weiteres Kriegsinstrument. Der Wagen wurde von dem verstorbenen Dr. Ferdinand Porsche entworfen (der durch die heute weltbekannten schnellen Autos ungewöhnlicher Konstruktion und hoher Qualität Berühmtheit erlangte). Dabei gewährleistete die Verwendung eines luftgekühlten Vierzylinder-Boxermotors, dessen Gewicht über den hinteren Antriebsrädern lag – und bei seiner heutigen zivilen Version noch liegt – ungewöhnliche Durchzugskraft selbst unter schwierigen Bedingungen. Das Interesse von Dr. Porsche hatte jedoch mehr der Entwicklung eines echten Volkswagens gegolten als dem militärischen Transport.

Als ein erbeuteter Kübelwagen (der noch das Verbandsabzeichen von Rommels Afrikakorps trug) zu einem Vergleichstest gegen einen Jeep antrat, war es alles andere als ein echter Wettstreit. Der Militär-VW konnte bis 50 km/h mithalten, aber in unebenem Gelände kam er dann nicht mehr mit dem Jeep mit, der dieses mit 80 km/h meisterte. Major H. C. Chamberlain von der Luftwaffe lieferte dazu in einem Brief an das Magazin »Scientific American« folgenden Beitrag:

Die harten Erprobungen haben gezeigt, daß der Jeep so gut kämpfen konnte wie laufen und noch an Stellen gelangte, die ein Motorrad nicht mehr erreichte. Außerdem ist der Kurierfahrer auf dem Motorrad verwundbar. Ein einzelner Scharfschütze kann ihn umlegen und damit lebenswichtige Befehle in die Hand des Feindes fallen lassen. Ein Jeep, der Bewaffnete und Maschinengewehre befördert, ist da eine viel härtere Nuß. Außerdem ist der Jeep aus taktischer Sicht ein Mordskerl, der sich dort hinaufkrallt und -kämpft, von wo aus man gut hinunterschießen kann.

In Mississippi habe ich aus erster Hand gelernt, was es heißt, in einem Jeep mit 80 km/h über kieferbestandene Flächen zu fahren. Ich habe auch gelernt, daß seine Fahrleistung erheblich vom Wagemut und Können des Fahrers abhängt. Es war, als ob man ein Ford-Modell T über einen gepflügten Acker fährt. Ich ritt einen stählernen Bronco, nur locker in meinem Sitz von dem Sicherheitsgurt festgehalten. Leutnant Summerour wiegte sich lässig neben mir, anscheinend voll Vergnügen an der Fahrt, so als ob er mit seinem Pferd durch den Central

Auch an die linke Seite des Motors kommt man für Einstellarbeiten am Vergaser gut heran. Man beachte das Röhrchen vom Ölsumpf zum Vergaser, das für einen schmierenden Ölnebel im Verbrennungsraum sorgt (Ron Easton).

Park trabe. Er bremste unseren Jeep ab und kletterte über einen halbverbrannten Baumstamm. Die Vorderräder zeigten zum Himmel und ich sah im Geiste schon ein geborstenes Kurbelgehäuse, doch Summerour wies auf die Abweiserstangen, die für solche Fälle als Schutz daruntergebaut waren. Wir packten die Handgriffe, die an der Karosserie angebracht sind, hoben den Wagen an und schoben ihn mit Leichtigkeit von dem Baumstamm herunter.

Major Chamberlain beschrieb die Bewunderung der Armeestrategen für das niedrige Profil, dessen 1,05 m es einem Feinde sehr schwer machten, den Jeep ins Visier zu nehmen. Der Major, der wieder die Tour mit Lt. Summerour schildert, erinnert sich an die Fahrt zwischen Bäumen, deren Zweige fast bis zum Boden herabreichten. Hier half nur tiefes Ducken, wobei man den Raum für Beine und Arme schätzen lernte. Dann kam eine Furt mit 460 mm Wassertiefe: Wieder gab es keine Probleme, da die elektrische Anlage des Jeep hochliegt. Schließlich kam ein Anstieg von 30 Grad, viel steiler als jede Steigung einer öffentlichen Straße. Alle diese Bemerkungen waren typisch für die Reaktionen der Truppe auf den ausgereiften Jeep.

In jedem Fahrzeug ist der Motor das Herz des Ganzen. Was den Jeep betraf, war dieser eine Synthese von früherem, sorgfältigem Konstruieren und Entwikkeln, dem Glück, zur rechten Zeit verfügbar zu sein und der Lieferbarkeit in

Interessant sind hier die Lenkung, der Antrieb des Vorderrades und der Teleskopstoßdämpfer (Ron Easton).

Es ist seltsam, daß noch niemand diese Idee des Jeeps aufgegriffen hat: Einen Scheinwerfer an einem Scharnier so aufzuhängen, daß er bei Motordefekten im Dunkeln zur Beleuchtung verwendet werden kann.

hohen Stückzahlen. Abgesehen von den Besonderheiten, die auf militärischen Forderungen beruhten, war der Motor der gleiche, den das Willys-Auto bis zum Tage von Pearl Harbour 1941 besessen hatte. Als es an die Fertigung von Jeep-Pilotmodellen ging, wußten Ward Canaday und Barney Roos, daß sie in diesem Vierzylinder etwas Brauchbares besaßen. Der Motor war dauerhaft, gab aber zu dieser Zeit nur 45 PS Leistung ab.

Roos kam 1938 als Chefkonstrukteur zu Willys-Overland, nachdem er seine Fähigkeiten bei Pierce Arrow (die jetzt gesuchte Automobilklassiker sind), Locomobile und Studebaker unter Beweis gestellt hatte. Der Willys-Motor, der seine 45 PS bei 3400/min abgab, wurde bereits seit längerem gebaut. Roos hob jedoch die Leistung des Motors auf 60 PS bei 4000/min an, ohne Zylinderbohrung oder Hub zu verändern. Während dieser Überarbeitung standen Roos nur sehr begrenzte Mittel zur Verfügung, so daß das Ergebnis eine bemerkenswerte Leistung war.

Roos ging dabei so vor: Er nahm einen Serienmotor vom Fließband und ließ ihn bei seiner Nenndrehzahl von 3000/min laufen, der Drehzahl seiner Höchstleistung. Nach 22 Minuten liefen die Pleuellager aus und die Zylinderlaufbahnen waren stark verschlissen. Darauf wurde das Kühlsystem geändert und die Leichtmetallkolben erhielten einen Zinnüberzug. Mit diesen Änderungen lief der Motor dann 50 Stunden bei 3600 Touren. Jetzt fielen die Ventile aus. Roos machte mit seinem empirischen Vorgehen weiter, bis der Motor einhundert Stunden bei 4000/min ohne Ausfälle lief. So wurden bei der Abnahme alle Motoren geprüft.

Das Heer forderte noch weitere Änderungen. Darunter fielen der Einbau von Halterungen, Erhöhung der Leistung an sehr steilen Hängen durch Änderungen an den Ansaugwegen und am Vergaser, sowie besondere Luft- und Ölfilter der Armee, die auf extreme Einsatzräume zugeschnitten waren. In »Modern Industry« erschien im April 1943 ein Aufsatz, der weitere Aufschlüsse über den Menschen Roos und seine Liebe zu den Lokomotiven bringt:

»Niemals hat er seine allererste Sehnsucht aufgegeben, eiserne Pferde zu bauen und er wird bei der kleinsten Chance in den Führerstand klettern. Aber im Augenblick ist er damit beschäftigt, weitere Kampffahrzeuge zu entwerfen; Varianten des Jeeps, die diesen in die Lüfte erheben werden und mit denen man als Funkstelle oder als Schlepper arbeiten kann. Er gebärt einen Spezialjeep nach dem anderen, um die Namen Roos und Jeep noch enger zu knüpfen.«

Stabsoffiziere bis hinaus zum General haben den Jeep in allen Tönen gepriesen, aber es waren wohl die Tausende von Benutzern der unteren Dienstgrade, die diese Lobeshymne erst bestätigten.

Willys	**MB**	**Produktionszahlen**			
1941	MB	100 001–108 598	1944	MB	293 233–402 334
1942	MB	108 599–200 022	1945	MB	402 335–459 851
1943	MB	200 023–293 232			

3. Der Jeep im Einsatz

Noch bevor die USA im Dezember 1941 in den Krieg eintraten, wurden bereits Jeeps an das Vereinigte Königreich geliefert, das sich damals allein dem Ansturm der Nazis widersetzte. Es kann kaum jemand im britischen Heer geben – und später in vielen anderen Streitkräften – der nicht irgendwann mit dem Jeep Bekanntschaft schloß. Die meisten können ihre Lieblings-Jeep-Geschichte erzählen. Im weiteren Verlauf des Krieges gab es wenige bedeutende Staatsmänner und Generäle, die nicht Schlachtfelder oder Kampftruppen an Bord eines Jeeps aufgesucht haben. Einer von ihnen war Franklin Delano Roosevelt, der Präsident der Vereinigten Staaten.

A. W. Wade schrieb in seinem »Hail to the Jeep«: Von all den Millionen Stück militärischer Ausrüstungsgegenstände, die Amerika, »das Arsenal der Demokratie«, für den Einsatz im zweiten Weltkrieg aus seiner gewaltigen Industrie ausstieß, ist kein anderes Kriegsgerät so berühmt geworden. Der Jeep ist zu Amerikas ersten Gesandten guten Willens geworden, als er im Krieg überall die Zuneigung der Truppen der Alliierten gewann.

Dies war, wie ihr Verfasser sich erinnert, eher eine Unter-, bestimmt aber keine Übertreibung.

Einige von Wades Anekdoten sind von besonderem Interesse, da sie gleich nach Kriegsende zusammengetragen wurden. Viele schildern die Vielzahl von Verwendungen, in denen der Jeep erfolgreich eingesetzt war. Diese berichten z. B. vom Zurückschlagen von Feindangriffen mit 12,7 mm (0,5 Zoll) Maschinengewehren bis zum Transport von gleichzeitig sieben Mann in Notfällen, wobei die Überzähligen im Damensitz auf der vorderen Stoßstange ritten. Er schrieb, daß der Jeep seit der Zeit, als er das erste Mal mit den Briten in Burma kämpfte und später nach dem Sieg von El Alamein von einem Triumph zum anderen marschierte, bis er in der ganzen Welt zur Legende wurde.

Der MB bei der Arbeit in Südostasien. Zwischen 1941 und 1945 baute Willys-Overland 359 849 MB und Ford fertigte – unter Lizenz – weitere 227 000.

Unter den Anekdoten ist die von dem französischen Wachposten, der »Amerikaner« in Uniform erschoß, als diese sich seinem Postenstand näherten. Es waren in Wirklichkeit Deutsche, die sich als Amerikaner verkleidet hatten. Als der Wachposten gefragt wurde, warum er sich entschloß zu schießen, antwortete er schlicht, daß die Soldaten nicht in einem Jeep gekommen wären und mithin keine Amerikaner sein konnten! Eine andere Geschichte ist die von Generalmajor Eugene Reybold, der in seiner Funktion als oberster Pionier der US-Armee alle Kriegsschauplätze aufsuchte. Er sagte, der Jeep habe ihn bei seiner Landung in England zum ersten Mal stark beeindruckt. Er entdeckte, daß Generalleutnant John Lee von der Nachschubtruppe seinen Jeep als einen Teil seiner persönlichen Habe ansah. Dies ging so weit, daß er ihn in der Eisenbahn mitführte, wenn sich dies irgendwie machen ließ. Reybold fügte hinzu, daß, obwohl bestimmt viele Jeeps durch Feindeinwirkung ausgefallen oder zerstört worden wären, er selbst eigentlich nie einen gesehen hätte, der nicht gelaufen wäre.

Die flache Motorhaube, die wahrscheinlich so gestaltet worden war, um die Höhe auf nur wenig über 1 m zu halten, bot noch andere Vorteile: Sie diente als Eßtisch und wurde von Militärpfarrern in Kampfgebieten auch als Altar

Das Geheimnis vom Erfolg des Jeep war, daß er überall hinkam. Ein niedriges Profil vergrößerte noch den ungeahnten Nutzen, den er auf allen Kriegsgebieten den alliierten Truppen bot. Zu dieser Zeit waren bei Willys-Overland in Toledo, Ohio, 15 000 Arbeitskräfte beschäftigt.

Ein Fernmelde-Jeep fährt in Frankreich an einem zerstörten Pferdewagen mit einem toten Pferd vorbei. Das Vorwärtskommen muß schwierig gewesen sein; trotz des Vierradantriebs sind auf allen Rädern Gleitschutzketten montiert.

Ein Jeep der 5. Armee fährt beim Einmarsch in Vergato an der Spitze, ein Vorgang, der sich in zahllosen Städten und Dörfern auf allen Kriegsschauplätzen immer wiederholte. Willys-Overland bereiteten schon eine Version für die Zeit des Friedens vor.

Gibt es eine noch berühmtere Straße als diese? Diese Szene zeigt die Befreiung von Kriegsgefangenen, die Ungeheures erduldet hatten. Es wird berichtet, daß der Anblick des Jeeps dem Befreiten genausoviel bedeutete, wie die Ankunft der siegreichen Befreier.

verwendet. Zwei berühmte Generale, Eisenhower und MacArthur, fuhren lieber mit ihrem Jeep als mit den komfortableren Fahrzeugen, die auch zu ihrer Verfügung standen.

Von der ersten Operation in Burma berichtete Colonel Claude A. Black, daß während des japanischen Vorstoßes nach Burma Hunderte von Jeeps auf den Kais von Rangun standen. Sie warteten auf die Verschiffung zu Generalissimus Tschiang Kai-Schek. Um zu verhindern, daß sie in feindliche Hände fielen, übergaben die Behörden sie an britische Soldaten und an alle anderen, die sie nach Norden fahren wollten. »Hier hat der Jeep zum ersten Mal geschnuppert,

Wenige Kampfeinheiten waren im zweiten Weltkrieg berühmter als »Popsky's Private Army« (Popskys Privatarmee). Sie hatte bei ihren Stoßtruppunternehmen eine ganze Flotte von Jeeps eingesetzt. Hier ist der Anführer, Oberstleutnant V. Peniakoff, wie er 1943 in Tunesien mit Private (Gefreiter) Yunes Yusef Abdallah seine Behausung verlegt (Imperial War Museum).

46

»Popsky« bewaffnete seine Jeeps so, wie seine Vorhaben es erforderten. Dieser wurde für einen Einsatz in Italien mit zwei Browning-Maschinengewehren nachgerüstet (Imperial War Museum).

was der Dienst in einem großen Krieg ist.« Die Jeeps wühlten sich zur Verbindungsaufnahme durch zähklebrige Reispflanzungen, zogen andere Militärfahrzeuge aus Gräben, trugen MG-Schützen an die Front, brachten Frauen und Kinder an sichere Plätze und führten – von Gewehrkugeln stark verbeult – den Kampf weiter. Als der Vorstoß des Feindes aufgehalten worden war, waren die Straßen von Flüchtlingen mit ihren Tieren und ihrer anderen Habe verstopft. Alle diese Hindernisse umgingen die Jeeps, indem sie einfach querfeldein fuhren.

Eine besonders eindrucksvolle Leistung vollbrachte der Jeep am Wendepunkt des Krieges in El Alamein. General Montgomery war zwar bereit zum Angriff, brauchte aber ein Ablenkungsmanöver. Das Ereignis ist Kriegsgeschichte: Die Jeeps spielten dabei eine wichtige Rolle, indem sie die Treibstoffvorräte von Rommels Panzern vernichteten. Die Jeeps bezogen nach dem Verlassen von Montgomerys Hauptquartier bei Tag Verstecke, bis sie weit hinter den Linien von Rommel standen. Dort überfielen sie mit hohem Tempo und großer Wendigkeit einen Treibstofftransport. Sie beschossen ihn mit Brandmunition und als sie so rasch verschwanden, wie sie gekommen waren, hinterließen sie ein Flammenmeer. Als am Morgen die Panzer Rommels eintrafen, konnten sie nicht genügend Treibstoff nachtanken, um ihre volle Gefechtsbereitschaft herzustellen und sahen daher einer unausweichlichen Niederlage ins Auge.

Auch ein amerikanischer Angriff bei Aachen, an der deutsch-belgischen Grenze, nutzte die Geländegängigkeit der Jeeps bestens aus. Da sie im Gelände beidseits der Straße angriffen, hielten sie diese Angriffsachse frei für einen raschen Vorstoß. Die Leistungen des Jeeps waren in der Tat erstaunlich, genauso – das darf man nicht vergessen – wie die seiner Besatzungen. Viele kriegsgediente Soldaten tragen Auszeichnungen, die sie im Einsatz errungen haben. Das Verdienst hierfür ist ausschließlich ihr eigenes für persönlichen Mut

Ein Jeep in schneller Fahrt auf einer Straße nahe dem Vesuv. Es war dessen stärkster Ausbruch seit siebzig Jahren. Die Alliierten richteten Katastrophenhilfsstellen ein (Imperial War Museum).

und soldatisches Können, aber in ihren bescheidenen Erzählungen spielt meist auch der Jeep eine Rolle, da er das Mittel zum Durchführen ihrer Heldentaten darstellte. Man hat beobachtet, daß altgediente rauhe Krieger weinten, wenn ihr Jeep zerstört wurde.

Tausende von Jeeps gingen nach Rußland, wo ihre Geländegängigkeit in den Steppen und anderswo sie ihren Fahrern genauso ans Herz wachsen ließ wie bei ihren westlichen Kameraden. Die Russen haben ihn nicht ohne Grund »Ziege« getauft. Als der russische Vormarsch nach Berlin startete, waren weitere 80 000 Jeeps geliefert worden.

Jedermann weiß, daß Hitlers »Wagen für das Volk«, der Volkswagen, ebenso wie der Jeep für militärische Zwecke eingesetzt wurde. Doch war, wie bereits gesagt wurde, der VW kein echter Konkurrent, obwohl er durch seinen Heckmotor über den Antriebsrädern gute Vortriebskraft besaß, da seine Leistung nur ein Drittel von der des Jeeps ausmachte. Auch den Japanern war mit einer Version ihres Datsun kein Erfolg beschieden.

Der Jeep war bei Kriegsberichterstattern sehr beliebt. Die folgende Geschichte ist gut geeignet, aufzuzeigen, welche Einstellung sie diesem bemerkenswerten Fahrzeug entgegenbrachten. Diese Anekdote wird der »Daily News« aus Chicago zugeschrieben, von der zwei Reporter in Indien eintrafen. Sie hatten dabei vorher die Chindwin Dschungel von Burma und die Manipur Berge durchquert. Darauf angesprochen, daß es um ihre Geographiekenntnisse wohl schlecht bestellt sein müsse, da es in dieser Gegend weder Weg noch Steg gebe, antworteten sie: »Pst! Nicht so laut. Unser Jeep hat noch nie etwas von Straßen gehört. Wir wollen ihn nicht verweichlichen!«

ANDERE VERWENDUNGEN

Die vielfältigen Aufgaben, denen sich der Jeep gewachsen zeigte, treten aus Erzählungen und Fotoarchiven hervor. Es gibt so zahlreiche Bilder, daß sie hier nicht alle gebracht werden können. Beispielsweise wurde der Jeep im England der Kriegsjahre eingesetzt, um einen Heulader zu ziehen oder zur Bekämpfung der Kohlenknappheit Abfallholz zu zerkleinern. Für letzteren Job verlief der Antrieb von einer ans rechte Hinterrad geflanschten Trommel über einen Treibriemen auf eine kleinere Trommel, die über eine Welle eine Kreissäge antrieb. Im Kriege produzierte Willys alle neunzig Sekunden einen Jeep. Das bedeutete, daß genügend für wichtige Aufgaben abgezweigt werden konnten, Aufgaben, die zwar nicht ausgesprochen militärisch waren, aber dennoch zum Sieg beitrugen. Die zwei angeführten Beispiele beweisen es. Denn auch das kleinste Agrarprodukt, das damals in England selbst erzeugt werden konnte, bedeutete, daß weniger Schiffe im Angesicht der U-Boot-Gefahr Nahrung heranschaffen mußten. Sie konnten statt dessen Kriegsmaterial transportieren.

Das Ende. Selbst ein Jeep konnte im Einsatz auf der Strecke bleiben. In dieser berühmten Karikatur von Bill Mauldin aus dem Jahre 1944, die zuerst im »St. Louis Post Dispatch« veröffentlicht wurde, benutzt der Kavallerie-Sergeant seine 0,45 Zoll-(11,4 mm) Schußwaffe, um seinem getreuen Streitroß den Fangschuß zu geben.

Die Motoren, die den Jeep antrieben, wurden in größerer Zahl hergestellt als irgendein anderer Motor, welcher Größe oder für welchen Zweck auch immer. Sie bewegten oder lieferten die Antriebskraft für Radar, Funkgeräte, Schweißgeräte, Landungsfahrzeuge, Beleuchtungsanlagen und so weiter. Im Bereich des Südpazifik konnten Jeeps dank ihres niedrigen Profils durch das hohe tropische Gras gefahren werden, ohne daß man sie wahrnehmen oder mindestens orten und damit anrichten konnte.

Sie wurden auch mit Eisenbahnrädern versehen und als Lokomotiven eingesetzt. Ein Jeep konnte einen Zug mit 25 Tonnen ziehen. Dabei schaffte er im

Bereich des höchsten Drehmoments etwa 30 km/h. Wenn der Jeep einen Anhänger mitführte, konnte er auf den gewöhnlichen Schlammwegen in der Kampfzone große Mengen an Munition sowie zusätzliche Soldaten befördern. Die Extra-Passagiere hielten sich an allem fest, was sie erwischen konnten. In Australien wurde auf einem Flugplatz ein Jeep fotografiert, in dem sich fünfzehn Amerikaner einen Jux machten. Solche Scherze mögen dazu geführt haben, daß Maßnahmen gegen Mißbrauch und falsche Benutzung ergriffen wurden. Unter einer amtlichen Karikatur stand der folgende Text:

> To prove he's as game as the fliers
> Whose daring the public admires,
> Joe Dope hurls his loads
> Over rock-studded road –
> And boy! is it tough on the tires!

(Um zu beweisen, daß er an Mut den Fliegern gleicht, deren Mut die Allgemeinheit bewundert, schleudert Joe Dope (Personifizierung des dummen Soldaten) seine Ladung über felsübersäte Straßen und, Mann, das geht über die Reifen!)

Bei passender Gelegenheit wurden Vergleiche zwischen dem Jeep und seinem VW-Gegenstück angestellt. Das Emblem des Afrika-Korps auf dem Kübelwagen wirkt vor dieser schneebedeckten Kulisse etwas fehl am Platze. Als beide zum Wettkampf antraten, war es kein Kampf unter ebenbürtigen Gegnern.

Eine weitere Aufgabe für den Jeep im Krieg: Hinter der Front der Alliierten, bei der 5. Armee in Italien, schneidet eine Säge mit »Vorderradantrieb« Holz für das Feldlazarett (Imperial War Museum).

Mit wasserdichter elektrischer Anlage und einer senkrechten Verlängerung der Luftansaugöffnung nach oben konnte der Jeep auch tieferes Wasser durchfurten, wobei nur die Oberkörper der Besatzung und das Lenkrad sichtbar blieben. In einem Falle wurde im Rahmen der Ausbildung der Jeep als eine Art »Hosenboje« eingesetzt: Er überquerte einen Fluß an einem Drahtseil hängend und von einem anderen Seil gezogen. Dann wurde er auch bei den Luftlandetruppen eingesetzt, die 1942 in Nordirland übten. Die Jeeps konnten nicht nur in Transportflugzeugen, sondern auch in großen Militär-Lastenseglern befördert werden. Auf den gewundenen, kurvenreichen Straßen der Berge Siziliens waren die Jeeps in ihrem Element; denn in die kleinen, wendigen Fahrzeuge war ein Höchstmaß an Kampfkraft gepackt worden.

52

Während des Krieges strömten täglich solche Eisenbahnzüge, beladen mit Jeeps, aus den Fabriken von Willys-Overland und Ford. Bis 1945 waren über eine halbe Million Jeeps gebaut worden.

Auf dem rechten Wege? Viele Jeeps wurden als Zugfahrzeuge für Eisenbahnstrekken umgebaut. Dieser trägt nicht nur ein zusammengerolltes Tarnnetz, sondern auch Öl vorn in den Kanistern (Imperial War Museum).

Die für England bestimmten Jeeps trugen auf der Rückseite die Aufschrift: »Vorsicht Linkslenkung, keine Fahrtrichtungsanzeige«. Trotz der anderen Aufschrift »Höchstgeschwindigkeit 40 mpH (64 km/h)« ist es fraglich, ob jemals ein Jeepfahrer wegen Geschwindigkeitsübertretung belangt wurde. Schließlich konnten damals nur wenige Autos die Grenze von 100 km/h überschreiten.

BERÜHMTE PASSAGIERE

Vermutlich war es nicht so sehr die Popularität des Jeeps, die im Krieg so viele berühmte Leute veranlaßte, ihn zu fahren, sondern eher seine Vielseitigkeit. Ein König oder ein General würde zumindestens nicht schieben helfen müssen!

54

Im September 1943 verschaffte sich König Faruk von Ägypten einen Blick aus der Vogelperspektive über das Nildelta. Er fährt hier zum Flugzeug. Neben ihm sitzt sein Gastgeber, der Kommandeur der US-Streitkräfte im Mittleren Osten, Generalmajor Ralph Royse. Auf den Rücksitzen Alexander C. Kirk, der amerikanische Minister für Ägypten, und General Ibrahim Pascha Atallah, der ägyptische Chef des Stabes (Imperial War Museum).

Dieser unverwechselbare VIP (very important person = sehr bedeutende Persönlichkeit) zog trotz seiner Behinderung einen Jeep vor. Am Lenkrad der (anscheinend mit Narben vom Krieg übersäte) Sergeant Oran Lass, links General Mark Clark, der damals Generalleutnant war. Der Präsident der Vereinigten Staaten hatte in Casablanca amerikanische Truppen besucht. Unter der abgeklappten Windschutzscheibe kann man die amerikanische Flagge sehen, die dem Präsidenten zu Ehren aufgemalt wurde.

Ein weiterer berühmter Jeep-Reisender: General Douglas MacArthur mit seiner unvermeidlichen Pfeife, irgendwo im Südpazifik. Man glaubt, daß das Bild auf den Philippinen aufgenommen wurde.

Aber auch so besaß das Lenken oder Mitfahren in einem Jeep das gewisse Etwas. Präsident Roosevelt benutzte einen Jeep, als er zusammen mit General Mark Clark in Casablanca amerikanische Soldaten besichtigte. Montgomery und Churchill verfolgten aus einem Jeep am Strand die Geschehnisse des Invasions-Tages, während der Zerstörer, in dem sie gekommen waren, immer noch über die Köpfe der Landungstruppen hinwegschoß. Churchills Tochter Mary fuhr einen Jeep im Ausbildungszentrum des »WAC« (Women Army Corps = Heeresfrauentruppe) in Daytona Beach, Florida. In Nordburma benutzte General »Vinegar (Essig) Joe« Stillwell einen Jeep und 1941 versuchte sich der Duke (Herzog) of Kent – der im Kriege fiel – an einem der ersten Modelle im Camp Holabird.

56

Als 1942 die US-Streitkräfte in Europa eintrafen, besuchte Königin Elisabeth die amerikanischen Truppen in Nordirland in einem Jeep. Ihr Fahrer war dabei der Kommandeur dieser Einheiten, Generalmajor R. P. Hartle. Nach seinen Siegen in Afrika und Frankreich wurde »Monty« (Feldmarschall Montgomery) von General H. D. G. Crerar, dem Oberbefehlshaber der kanadischen Streit-kräfte in der Normandie, in einem Jeep zu einer Lagebesprechung bei der ersten kanadischen Armee gefahren. Dies war in gewisser Weise sehr schmeichelhaft für den Jeep, denn Monty war während seiner Feldzüge kaum von seinem eigenen Befehlswagen, einem Humber, zu trennen.

VARIANTEN DES JEEP

Den Reigen der offiziellen – und gelegentlich inoffiziellen – Varianten des Jeeps eröffnete die Amphibie, die ursprünglich von Marmon-Herrington ent-worfen worden war. Herrington war bereits durch seine »Militarisierung« von Ford-Serienfahrzeugen für den Kriegseinsatz berühmt geworden. Er hatte mit Sparkman und Stephens aus New York zusammengearbeitet, einer Firma, die auch an dem von General Motors gebauten DUKW (Duck = Ente) einem amphibischen Lkw, beteiligt war. Der von Ford gebaute Schwimmwagen hieß Ford GPA »Amphib«. QMC-4, der Prototyp, wurde auf das Fahrgestell eines Ford GPW aufgebaut. Die Produktion begann im Herbst 1942. Das Produk-

Diese Variante des Jeep, der »Amphib«, wurde von Ford gebaut. Die Produktion begann im September 1942. Zwar war die Fertigungszahl mit fast 13 000 angesetzt, doch gab es Schwierigkeiten. Das Fahrzeug wurde im folgenden Jahr zurückgezo-gen. Hier stürzt es sich in die Eisschollen eines Flusses. Eine seiner Hauptstärken war eine vom Motor angetriebene Winde. Diese konnte man einsetzen, um damit das Fahrzeug – wenn einmal das Windenseil am Ufer festgemacht war – dann selbst äußerst steile Uferböschungen heraufzuziehen (Imperial War Museum).

tionsziel von 12 778 Stück wurde jedoch nicht erreicht, da der Amphib seinem Anspruch als vielseitiges Aufklärungsfahrzeug nicht gerecht wurde. Diese amphibische Jeep-Variante war auch als der Seep bekannt, da er ja in der Tat ein *see*tüchtiger Je*ep* (seagoing jeep) war. Im Gegensatz zum Jeep-Kübelwagen-Vergleich war der Seep – besonders an Land – nicht so gut wie der kompaktere VW-Schwimmwagen.

Der Amphib war viel schwerer als der Jeep, er wog über 544 kg (1200 lb) mehr. Es wurde daher jede der Federn an den Achsen um ein Blatt verstärkt. Er

Ein Fahrer, ein Sanitäter und drei Tragbahren bringen englische Verwundete nach hinten. Sie kommen von der Schlacht bei Caen und vom Angriff über den Orne-Fluß. Der Jeep fährt über eine Behelfsbrücke, die die Royal Engineers (Pioniere) auf Pontons gebaut haben. Caen wurde am 9. Juli 1944 befreit. Britische Truppen brachen auf breiter Front durch, während in einer damit koordinierten Offensive im Westen die amerikanischen Streitkräfte die feindlichen Linien durchstießen (Imperial War Museum).

wog 1630 kg (3600 lb). Die Höchstgeschwindigkeit war 80 km/h (50 mph) auf dem Lande und 8 km (5 mph) im Wasser. Für die Navigation war ein Steuerruder angebaut.

Einen wichtigeren Beitrag leistete der Jeep als Krankenkraftwagen. Oft werden in schwierigem Gelände, dem Tummelplatz des Jeep, Soldaten verwundet oder fallen dort. Umbauten zum Krankenwagen wurden sowohl in den USA wie auch in England, Kanada und Australien vorgenommen. Die kanadische Version sah in den Ecken des Fahrzeugs Hülsen vor, in die ein Rohrrahmen gesteckt wurde. Dieser nahm in zwei Etagen die Tragbahren auf: Eine neben dem Fahrer und zwei darüber. Ab Ende 1943 erhielten alle für die britischen Streitkräfte bestimmten Jeeps (die mittlerweile in England montiert wurden) diese Hülsen.

In Australien fertigte General Motors-Holden Umbauten für den Einsatz in Neu Guinea. Auf dem Pazifik-Kriegsschauplatz waren die Bodenverhältnisse so schwierig, daß in vielen Gebieten nur noch der Jeep mit dem Gelände fertig werden konnte. Das US Marine Corps (Marineinfanterie) verwendete ebenfalls

Diese britische Abwandlung des Jeep als Krankentransporter konnte vier liegende Verwundete befördern. Außerdem gab es einen Notsitz für einen Sanitäter – obwohl hier offensichtlich keiner zur Verfügung stand.

Jeep-Krankenwagen. Diese waren etwas anders, da bei ihnen der Auspuff über das Verdeckdach geführt wurde.

Eine weitere entscheidende Rolle spielte der Jeep bei den Luftlandetruppen. Man hatte verschiedentlich versucht, den Jeep für Luftverlastung zu »komprimieren«. In England baute die Nuffield Mechanizations Limited unter Verwendung eines abgeänderten MB-Fahrgestelles eine Luftlande-Version. Weitere Änderungen waren eine Lenksäule, die zur äußersten Verringerung der Fahrzeughöhe abgenommen werden konnte und sogar ein leichteres Lenkrad hatte. Die Motorhaube konnte niedriger werden, da die Lage von Luft- und Ölfilter sowie Batterie, Hupe und Bremsflüssigkeitsvorratsbehälter geändert wurden. Ein Solex-Vergaser wurde eingebaut und alle Möglichkeiten elektrischer Störsignale ausgeschaltet.

In den USA baute Willys »gestrippte Jeeps« Gipsy Rose Lees (benannt nach einer damals bekannten Striptease-Tänzerin). Ultraleichte Versionen wurden auch von Chevrolet (General Motors), Crosley und Kaiser gebaut (die letztgenannte Firma übernahm in den Nachkriegsjahren den Jeep). Die Erprobungser-

Das Funkgerät in einem Fernmelde-Jeep: Äußerst gut zugänglich. Es wurde nach dem Lastenheft der US-Armee von der Galvin Manufacturing Corporation in Chicago gebaut. (Die Briten bauten ihre eigenen Funkgeräte ein) (Ron Easton).

gebnisse waren nicht sehr vielversprechend und diese Varianten gingen nie in Serie.

Nachdem der MB als Standardfahrzeug ausgewählt war, wurde er unvermeidlich auch als Basis für stärker spezialisierte Fahrzeuge herangezogen. Darunter befanden sich vier- und sechsrädrige Waffenträger und gepanzerte Erkundungsfahrzeuge. Nach dem Grundmuster des Jeep entstanden auch schwerere Fahrzeuge der 0,75,- 2,5-, 4- und 6-Tonnen-Klasse. Der Bau der meisten dieser Fahrzeuge wurde bei Kriegsende eingestellt, der Originalmotor lebte aber in anderen Verwendungen weiter, so zum Beispiel als Antriebsquelle für Stromerzeuger der Fernmeldetruppe.

Die US-Marine-Infanterie setzte zur Überwachung des Uferstreifens an der amerikanischen Ostküste eine zehnsitzige Version, den Invader, ein. Sandreifen auf breiteren Felgen ließen auf Sand eine Geschwindigkeit von 100 km/h (60 mph) zu. Dabei waren an Veränderungen der Mechanik lediglich eine Verlängerung um 1 m in der Länge und eine entsprechend längere Kardanwelle erforderlich. Der T 13-Geschützträger trug eine 37 mm Pak auf einem abgewan-

Dies war die Funkversion. Man beachte den Zusatz »S« für Signal Corps (Fernmelder) an der hinteren linken Stoßstange. Das Fahrzeug besaß ein Funkgerät mit wahlweise kurzer und großer Reichweite sowie eine Peitschenantenne. Das Funkgerät war so gebaut, daß im Notfall hinten immer noch zwei Mann aufsitzen können.

delten Fahrgestell mit anderen Antriebswellen: Ein MB 6 × 6. Gegen Ende des Krieges gab es auch 0,5-Tonner-Umbausätze, die unter feldmäßigen Bedingungen angebaut werden konnten.

Daneben gab es vom Einheits-Jeep noch Halbketten- und Vollkettenfahrzeuge, obgleich diese nur in unbedeutenden Stückzahlen gebaut wurden. Sie waren für tief verschneite Einsatzräume oder besonders stark durchschnittenes Gelände sowie zur Verwendung als Kleinpanzer vorgesehen. Die Luftwaffe brauchte für den hohen Norden ein Fahrzeug, das zum Suchen und Retten abgestürzter Piloten eingesetzt werden konnte. Die Lösung war das Abnehmen der Vorderräder, an deren Stelle lenkbare Skier traten. Hinten wurde ein Kettenlaufwerk mit drei Laufrollen angebaut. Die Gummiketten waren 300 mm (12 Zoll) breit und besaßen stählerne Scharnierbolzen. Auf diese Weise übte das voll beladene Fahrzeug nur einen Bodendruck von 0,14 kp/cm² aus. Trotzdem war es nicht überzeugend genug, um in Serie zu gehen.

Mehr Erfolg war dem T 26 beschieden, einem von Allis-Chalmers gebauten Halbkettenfahrzeug. Es basierte auf einem der Leichttraktoren der Firma und verwendete Motor, Kupplung, Schaltgetriebe, Differential und Lenkgetriebe

Während der Ardennenoffensive in Belgien. Zum Schutze der Besatzung ist vorn ein langes Winkeleisen angebracht, das als Drahtschneider wirken soll. Es war nicht ungewöhnlich, daß der Feind Drähte über die Straßen spannte, die die Fahrzeugbesatzungen köpfen sollten. Der Jeep des Verfassers wurde später im Krieg in Deutschland ähnlich ausgerüstet.

des Jeeps. Das endgültige Modell T26E4 fand als »Traktor, Schnee M7« Beifall. Es hatte ebenfalls vorne Skier, aber der spezifische Bodendruck betrug nur noch 0,1 kp/cm^2. Es war – aus naheliegenden Gründen (Erkennbarkeit im Schnee) – hellorange gespritzt. Sein Fahrbereich betrug 320 km (200 mph). Wenn vorn Skier angebaut waren, wurden die Vorderräder an der Seite befestigt. Die Höchstgeschwindigkeit lag über 60 km/h (40 mph). Ein Hinweis: Alle US-Halbkettenfahrzeuge trugen an den ersten zwei Stellen ihrer militärischen Registriernummer eine »40«.

Andere Variationen zum Thema Schnee stellten die Studebaker M 28 (T 15) und M 29 (T 24) Weasel (Wiesel) dar. Auch mit dem T 37 wurde herumexperimentiert, einem Schlepper mit Crosley-Motor, der als Nachfolger für die klassischen Husky-Hunde Schlitten ziehen sollte. Es kam aber dabei nichts heraus.

Die Kanadier benötigten 1943 ein leichtes AFV (armoured fighting vehicle = gepanzertes Kampffahrzeug). Dieses Kettenfahrzeug sollte lufttransportfähig sein. Willys baute fünf Prototypen, deren oben offene geschweißte Wannen von Jeep-Motoren angetrieben wurden. In diesem Zusammenhang baute Marmon-Herrington einen »Jeep-Tank«. Dieser glich einem der üblichen Panzerkampfwagen, besaß jedoch keinen Drehturm. Seine knappen Maße betrugen 2,7 m (9 Fuß) Länge, 1,63 m (5 Fuß 5 Zoll) Breite und nur 1,2 m (4 Fuß) Höhe. Von beiden Modellen wurden nur wenige gebaut.

Schlamm, Wasser und Schnee stellen für jedes Fahrzeug nur sehr schwer zu bewältigende Geländeverhältnisse dar. Dies gilt selbst für einen Jeep, so daß für das Fahren unter extremen Bedingungen weitere Abarten ersonnen wurden. Eine davon benutzte »Schlamm-Auftriebs-Adapter«, die ein Captain L. S. Rainhart von den US-Pionieren erfunden hatte. Diese, die offenen Trommeln ähnelten, ragten seitlich in Höhe des Felgenhorns heraus, hinten weiter als an den Vorderrädern. Eine Halterung am Fahrzeugheck nahm die Zusatzausrüstung auf, wenn sie nicht in Gebrauch war. Dieser Rüstsatz war ein Erfolg. 1943 wurden Auftriebssäcke untersucht. Solange das Wasser nicht so tief war, daß die Köpfe der Besatzung untertauchten, war die beste Lösung, die elektrische Anlage entsprechend zu schützen und Ansaug- und Auspuffrohre zu verlängern.

JEEPS FÜR DEN FRIEDEN

Möglichkeiten, den Jeep nach Ende des zweiten Weltkriegs weiterzuverwenden, wurden schon vor Pearl Harbor (1941) erwogen. Zu diesem Zeitpunkt hatten sich die Jeeps, die bereits an die Alliierten geliefert wurden, im harten Einsatz bewährt. Jedes Motorfahrzeug braucht seine Zeit, bis es seinen Weg vom Reißbrett zur vollen Serienproduktion findet. Unter normalen Umständen müssen daher die Hersteller Jahre im voraus denken. Dies galt auch für die von Ward Canaday geleiteten Willys-Overland-Werke. Canaday beschäftigte tat-

Zwei von einer Sorte – oder vorher und nachher. Links ist der Willys Quad, der Vorläufer des MA und des berühmten MB. Rechts ist die Nachkriegs-Militärversion, die dem Jeep der Kriegsjahre weitgehend glich, jedoch stärker gerundet war, namentlich in den Kotflügeln. Es war dies der MD-M 38 A 1 von 1951, der noch zwanzig Jahre gebaut wurde.

sächlich einen Künstler namens J. B. Hazelton, um eine Reihe von Bildern des Jeep zu malen, die auch dessen Friedensverwendung zeigten.

Insgesamt waren es vierundzwanzig Gemälde, die aus der Zusammenarbeit des Künstlers mit den Ingenieuren von Willys entstanden. Ein wichtiger Gesichtspunkt dabei war die Eignung des Jeeps für die Bedürfnisse der Landwirtschaft. Andere Verwendungen zeigten ihn als Schneepflug, Feuerlöschfahrzeug, Pumpenantriebsmaschine und so weiter. Einige der Gemälde erschienen 1942 in dem Magazin »Life« und seit dieser Zeit hat sich die Liste seiner Anwendungsmöglichkeiten vervielfacht.

Einer der ersten ungewöhnlichen, da nicht militärischen Einsätze, wurde aus England berichtet. Fotos zeigten GI's, die einem Farmer helfen, eine Mähmaschine, einen Heuwender, einen Schwadenrechen und einen Heulader zu ziehen. Solche Geschichten waren für die Friedensplanungen von Willys-Overland wertvoll.

Eine weitere Geschichte kam aus dem Raum Südpazifik, wo General MacArthur vor einem möglichen japanischen Angriff auf Australien auf der Hut sein mußte. Man mußte Feldflughäfen, die meilenweit auseinander lagen, mit

64

unterirdisch verlegten Kabeln verbinden, ohne daß die Einsatzbereitschaft dieser Flugplätze beeinträchtigt wurde. Das herkömmliche Verfahren, »aufbuddeln und wieder zuschmeißen«, hätte zu lange gedauert. Daher zog ein Jeep einen Pflug und warf damit eine Furche auf, ein zweiter legte von einer am Heck angebrachten Trommel ein Kabel hinein und ein dritter ebnete wieder den Boden. Alles geschah mit mehr als Schrittgeschwindigkeit.

Ende 1943 wurden die Zukunftspläne klarer. George W. Ritter, der Vizepräsident von Willys, wurde von einem Kongreßmitglied eingeladen, eine Prognose über die zivile Verwendung des Jeeps abzugeben. Nach Ritters Auffassung war

Jeder Jeep trug auf seinem Armaturenbrett eines dieser Schilder. Sie waren wahlweise in englisch, russisch, chinesisch oder spanisch.

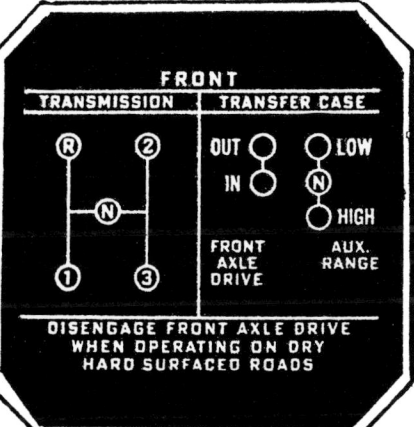

der militärische Jeep für die zivilen Bedürfnisse nur wenig geeignet. Er besaß keinen Zapfwellenabtrieb, die Getriebeuntersetzung war falsch und für längeren Einsatz in den unteren Gängen war eine Verstärkung der Kühlanlage erforderlich. Daneben mußten noch weitere Änderungen durchgeführt werden, wenn der Betrieb in den niedrigen Fahrstufen über längere Zeiträume erfolgen sollte. Weitere Verbesserungen schlossen unter anderem den Einbau einer Kupplung größeren Durchmessers ein, um dem Schleppen schwerer Geräte gewachsen zu sein.

Ritter, der ein Realist war, wies auch darauf hin, daß ein ganzes Netz von Händlern mit ausgebildeten Kundendienstleuten und vollständiger Ersatzteilbevorratung aufgebaut werden müsse, wenn sich der Jeep im Zivilleben durchsetzen solle. Kurz gesagt, bevor der Jeep für den zivilen Markt bereit war, mußte alles gründlich überdacht werden.

Das US-Landwirtschafts-Ministerium war vom Jeep genauso begeistert wie die Landwirtschaftsbehöden der einzelnen Bundesstaaten. Dies führte dazu, daß das Ministerium in Zusammenarbeit mit Universitäten und anderen»Denkfabriken« Versuchsreihen startete, in denen die verschiedenen Aspekte der Anwendungsbereiche des Jeeps dargestellt werden sollten. Diese Untersuchungen wurden fast im ganzen Lande durchgeführt. Die Landwirtschaftliche Versuchsstation des State-College von Washington gab dabei sogar eine zwanzigseitige Schrift heraus. Sie trug den Titel»Der Jeep als landwirtschaftlicher Lastwagen und Schlepper für die Nachkriegszeit« und stammte von L. J. Smith und O. J. Trenary. Sie enthielt auch Bilder, die den Einsatz der Militärversion für landwirtschaftliche Zwecke zeigten.

Man untersuchte auch die Eignung des Jeeps für Zwecke der Forstwirtschaft, der Viehzucht, des Bergbaus und der Industrie im allgemeinen. Die Ergebnisse bestätigten im wesentlichen die Meinung von Ritter (von Willys-Overland) und unterstrichen die Notwendigkeit von Abänderungen, um den Jeep den Einsatzbedingungen in Farm und Fabrik anzupassen. Als Ergebnis all dieser Forschungen brachte Willys-Overland im Juli 1945 seinen Friedens-Jeep heraus. Die Berichterstattung über seine Vorführungen war schmeichelhaft: Die Zivilversion war für ihre Zwecke genauso gut geeignet wie der berühmte MB es für seine Rolle im Kriege gewesen war.

Die Hauptänderungen waren unter anderem eine besondere Kraftabgabe, die entweder als Riemenscheibe oder als Keilwelle für Direktantriebe benutzt werden konnte. Diese Zapfwelle konnte 30 PS abgeben, was praktisch für jedes landwirtschaftliche Gerät ausreichte. Der Jeep war das erste Fahrzeug, das in sich die Funktionen Personentransporter, Klein-Lkw, Traktor und Energiequelle vereinte. Neben seinen vielfachen beweglichen Einsätzen auf dem Bauernhof konnte er auch als ortsfeste Antriebsmaschine verwendet werden, da sein Kühlsystem eine Dauerkraftabgabe im stationären Betrieb ermöglichte, ohne daß der Motor sich dabei überhitzte. Auf den Feldern konnte er sich mit der gleichen Leichtigkeit bewegen wie der MB der Kriegsjahre. Er konnte auch

66

Im Jahre 1947 übertraf Willys-Overland seinen bisherigen Verkaufsrekord aus dem Jahre 1929 und machte das große Geld. Der Champagner floß in Strömen, als die Gesellschaft ihre Fabrik an der Westküste in Los Angeles wieder eröffnete. Am beliebtesten war der CJ-2A. Er stellte 65 078 von der Gesamtzahl von 119 477 gebauten Jeeps. (Die Seriennummern gingen von 83 380 bis 148 458).

Als der Krieg endete, wurde der CJ-2A für den Gebrauch in der Friedenszeit produziert. Tausende von Farmern verwendeten ihn als Traktor sowie zum Personentransport und für viele andere Zwecke.

Der Jeepster VJ-3 von 1950 zeichnete sich durch einen waagerecht gegliederten Kühlergrill aus. Er war wahlweise mit Vier- oder Sechszylindermotoren lieferbar.

Der M 38 wurde die Militärversion. Er besaß eine größere Bodenfreiheit und dadurch größere Wattiefe. Seine Kletterfähigkeit war noch weiter erhöht worden und er erhielt eine 24 Volt-Anlage.

pflügen, Ladungen von Heuballen oder Getreide befördern, eine Egge ziehen, dreschen, ein Silo füllen. Kurz gesagt: Er konnte praktisch alle landwirtschaftlichen Arbeiten bewältigen; entweder selbst oder als Schlepper oder Antriebsmaschine.

Weitere Fortentwicklungen gegenüber der Militärversion stellten geänderte Übersetzungen in Schalt- und Verteilergetriebe sowie den Achsen dar. Dadurch wurde einerseits das Schleppen schwerer Geräte oder Lasten bei niedrigen Geschwindigkeiten möglich, während am anderen Ende der Skala Straßengeschwindigkeiten von 100 km/h (60 mph) erreicht wurden. Der Verbrennungsraum erhielt zur Leistungssteigerung eine neue Form, die Lenkung wurde für starke Einschläge (wichtig beispielsweise beim Pflügen) ausgelegt und der Fahrzeugrahmen verstärkt, damit er schweren Lasten am Zughaken gewachsen war. Natürlich entfielen die militärischen Waffenhalterungen, aber trotz all dieser Veränderungen blieb der Jeep dabei der Jeep, im Aussehen und in seinem ganzen Wesen.

In der Geschichte der Wandlung des Jeeps vom Fahrzeug des Krieges zu einem des Friedens ist immer wieder der Name Willys-Overland aufgetaucht. Dies rührt daher, weil vom 31. Juli 1945 an der Regierungskontrakt mit Ford auslief und alle Rechte am Jeep ausschließlich an Willys zurückfielen.

Der Pressevorstellung des neuen Friedensmodells am 18. Juli 1945 waren alle möglichen Tests vorausgegangen, mit dem Ergebnis, daß die gezeigten Fahrzeuge alles andere als Prototypen waren. In Florida waren sie bei der Ernte von Grapefruit und Orangen eingesetzt worden. Im Gegensatz zu herkömmlichen Lastkraftwagen war der Jeep schmal genug, zwischen den Baumreihen hindurchzukommen und so niedrig, daß er unter den Zweigen, die die Last der Früchte zu Boden zog, hindurchfahren konnte. Im Nordwesten Amerikas erwies er sich als ideal für die Forstleute, in Arkansas war er genau richtig für die Reisfelder, deren Dämme sich über das bewässerte Land erstreckten und in den Farmen des Hügellandes konnte der Jeep dank Vierradantrieb und tiefem Schwerpunkt auch in schwierigem Gelände pflügen.

In seinem Buch »Heil dem Jeep« schildert A. W. Wade einen Besuch auf einem Bauernhof. Es war zu der Zeit, als soeben die Sicherheitsbestimmungen für neue Erzeugnisse aufgehoben worden waren. Er beobachtete einen Jeep, der eine dreiteilige Hochleistungsegge mit federnden Zähnen schleppte; in den Tagen vor der Motorisierung hätte man dafür drei Zugpferde gebraucht. Und trotzdem kam hinter dieser Egge noch eine weitere gleichgroße mit Spitzzinken, für die man auch zwei schwere Gäule benötigt hätte. Der Jeep wurde zehn Stunden am Tage mit der niedrigen Geländeuntersetzung bei 6 km/h (4 mph) betrieben. Man mag sagen, das sei kaum bemerkenswert, da schließlich eine »Pferdestärke« von der Zugkraft eines Ziehpferdes abgeleitet sei. Aber in dem weichen Boden, in dem der Jeep arbeitete, konnte die Kraft nur bei ausreichender Griffigkeit übertragen werden. Dies war sonst die starke Seite des Pferdes, aber der Jeep schaffte es auch. Ein wichtiger Punkt im Lastenheft für den Jeep

Dieser Wagoneer wird per Luftfracht nach England befördert. Er ist nur einer von einer größeren Anzahl, die die Firma J. C. Bamford Ltd. gekauft hat. Die Firma ist bekannt für ihre Baumaschinen wie Schürfkübel, Bagger, Planierraupen und andere. Ein allradgetriebenes Fahrzeug hätte sich für die auf Baustellen tätigen Leute gut geeignet, aber schließlich entschied J. C. Bamford, daß sie auch ohne den Lizenzbau von Jeeps genügend Arbeit hätten.

war, daß für Arbeiten dieser Art der Jeep mit einem Regler für den Motor ausgerüstet worden war. Dadurch konnten plötzliche Lastwechsel, wie sie beispielsweise ein durchdrehendes Rad verursachen kann, nicht die Motordrehzahl übermäßig hochjagen.

Von besonderem Interesse war bei Wades Beobachtungen möglicherweise der Vergleich zwischen den Leistungen eines Jeeps und eines schweren Ackerschleppers im selben Geländestück. Die beiden bewältigten Seite an Seite die gleichen Aufgaben. Dabei stellte sich heraus, daß hinsichtlich der Kraftstoff-

Zu den Versionen der Friedenszeit zählt diese, die für die US-Postbehörde gebaut wurde. Charakteristisch sind die gerundeten Kotflügel.

kosten der Vergleich klar zugunsten des Jeeps ausfiel. Es war, als ob man anstelle eines schweren Kaltblüters ein Pony füttert. Der Jeep besaß auch ausreichend Leistung und wurde daher nie abgewürgt, obgleich im Gegensatz zu dem Ackerschlepper seine Räder gelegentlich durchdrehten. Der Gutsverwalter stellte fest, daß bei Arbeiten mit dem Riemenantrieb der Jeep mehr Kraft abgab als der Traktor. In dem Vermögen, bei niedrigen Drehzahlen ein hohes Drehmoment abzugeben, übertraf der Jeep den Schlepper, besonders beim Antrieb von niedrigtourigen Maschinen wie Wasserpumpen. Was die Zuverlässigkeit anging, so brauchte der Jeep weder unvorhergesehene Werkstattaufenthalte noch kaum Ersatzteile.

Auch auf einer anderen Farm auf Long Island hatte der Jeep einen guten Eindruck hinterlassen. Sie lag in einem Gebiet, wo hauptsächlich Kartoffeln und Blumenkohl angebaut wurden, daneben aber auch Rüben, Spinat, Möhren usw. Der Jeep diente für den wichtigen Zweck, eine Wasserpumpe anzutreiben, mit der das Wurzelgemüse für den Verkauf in den Gemüseläden von Brooklyn und

J. C. Bamford testete in England einen Wagoneer, der sich gut hielt. Dennoch endeten die in Amerika gekauften Fahrzeuge als Firmenwagen, die zum Transport der Werksingenieure eingesetzt wurden.

New York City rasch gesäubert wurde. Neben dieser stationären Tätigkeit wurde der Jeep mit Erfolg beim Pflügen, Eggen, Säen und Ernten eingesetzt.

Der Jeep ist heute noch in seiner Vielseitigkeit für den kleinen Farmer von Bedeutung und auch auf großen Höfen, die jetzt spezialisiertere teurere Maschinen wie Mähdrescher einsetzen, stellt er ein nützliches Allzweckgefährt dar.

Neben der Arbeit in der Landwirtschaft bewies der Nachkriegs-Jeep in vielen Rollen seine Tüchtigkeit, so beispielsweise auf Golfplätzen beim Ziehen von mehreren Rasenmähern gleichzeitig mit hoher Geschwindigkeit. Dies senkte die notwendigen Mannstunden und damit die Betriebskosten. In entlegenen

Landstrichen wurde der Jeep zum treuen Gefährten von Krankenschwestern, Ärzten und Cowboys. Der Friedens-Jeep konnte Pumpen antreiben und wurde daher gern zum Feuerlöschen eingesetzt oder zum Spritzen in Obstplantagen. Ein Luftkompressor anstelle der Rücksitze ermöglichte das Spritzlackieren abseits aller Stromversorgungen und mit dem Riemenantrieb konnte man beispielsweise Mais schälen. Mit einem großen Schild »Follow me« (Bitte folgen) leitete er Flugzeuge zu ihren Abstellplätzen, konnte aber auch Flugzeuge, Gepäck und Kraftstoff schleppen und für viele der zahllosen Arbeiten eingesetzt werden, die beim Betrieb eines Flughafens anfallen.

FAHRTESTS IN DER NACHKRIEGSZEIT

Anfang der sechziger Jahre erschien es durchaus möglich, daß die Baumaschinen Firma J. C. Bamford (JCB) mit der Produktion von vierradgetriebenen Fahrzeugen für schweres Gelände auf den Markt kommen würde. Anthony Bamford sagte, sein Vater und er hätten erwogen, den Jeep in Gemeinschaftsproduktion mit dem amerikanischen Hersteller oder in Lizenz zu bauen. Schließlich entschied JCB, daß sie genug Arbeit mit ihren Baumaschinen hätten. Während der Zeit, in der die Untersuchungen noch liefen, kaufte JCB etwa zwölf Jeeps, um sie in England auf Herz und Nieren zu überprüfen. Einer davon, ein Wagoneer des Baujahrs 1964, wurde der Zeitschrift »Autocar« für eine eingehende Fahrerprobung zur Verfügung gestellt.

In dem Testbericht werden Vergleichswerte angeführt für den Austin Gipsy (der eigentlich außer Wertung lief), den Sechszylinder Zephyr von Ford England, einen Kombiwagen und einen Land Rover in der Version Dormobile (Wohnmobile). Es mag etwas unfair erscheinen, daß letzterer beteiligt war. Denn das Dormobile trennten Welten von einem normalen Land Rover. Der Test zeigte aber klar die Qualitäten des Jeeps, die ihn Punktsieger werden ließen. Bei den Straßenfahrleistungen konnte nur der (zweiradgetriebene) Zephyr mit ihm mithalten und beim Beschleunigen davonziehen.

Der Wagoneer mit 3780 cm³ Hubraum (nach europäischen Maßstäben ein großer Motor) konnte in 51,6 Sekunden echte 155 km/h (90 mph) erreichen und die 400-m-Strecke (¼ Meile) legte er aus dem Stillstand in genau 20,0 Sekunden zurück (in 21,4 Sekunden mit einer Last von 610 kg (1344 lb). Der Pferdefuß lag im Kraftstoffverbrauch: 19 Liter auf 100 km (5,26 km per Liter = 14,8 Meilen per englischer/12,33 Meilen per US-Gallone).

Zum Zeitpunkt des Tests besaß die Firma Kaiser das Jeep-Unternehmen. »Autocar« hat übrigens betont, daß der Wagoneer, der an sich schon eine hohe Geländegängigkeit dank Vierradantrieb und großer Bodenfreiheit besaß, sich außerdem noch durch Geräumigkeit und hohe Reisegeschwindigkeit auf schlechten Straßen auszeichnete. Während noch bei dem Testwagen das Getriebe über einen Hebel an der Lenksäule von Hand geschaltet wurde (und die Straßen- bzw. Geländeübersetzung durch einen simplen Schaltknüppel), war dieses Modell dann mit Sicherheit das erste Auto, bei dem ein Automatikgetriebe in Verbindung mit Vierradantrieb angeboten wurde.

Zehn Jahre später, im September 1974, testete »Autocar« den unmittelbaren Abkömmling des Jeeps der Kriegsjahre, den CJ 6. Das Auto-Magazin schrieb, er biete ausgezeichnete Fahrleistungen um den Preis von hohem Kraftstoffdurst. Der Reihe nach hieß dies: Der CJ 6 erreichte 112 km/h (70 mph) in 25,6 Sekunden und die Zeit für die stehende Viertelmeile (400 m) war 20,3 Sekunden. Nach dieser Zeit hatte er eine Geschwindigkeit von 104 km/h (65 mph) erreicht. Er schluckte jedoch auf 100 km 19 Liter Benzin (5,25 km per Liter, 14 Meilen pro Gallone), was bei einem Hubraum von 3805 cm^3 nicht weiter erstaunlich war.

Am Fahrzeugboden waren zwei Schalthebel angebracht: Einer für die drei Vorwärtsgänge und den Rückwärtsgang, der andere für das Verteilergetriebe. Vom Leerlauf eine Raste zurück ergab Vierradantrieb mit Geländeuntersetzung, eine Raste nach vorn war Zweiradantrieb mit Straßenübersetzung und die nächste Raste schaltete auf Vierradantrieb mit Straßengang. Die Geländegängigkeit war so, wie man sie von einem Jeep erwarten durfte. Ein weiteres Lob erteilte der Tester dem Rahmen, der bewußt nicht völlig verwindungssteif ausgelegt war und daher mit seiner Verschränkung (in Verbindung mit niedrigen Federkonstanten) das Risiko, sich beim Durchdrehen von zwei diagonal gegenüberstehenden Rädern festzufahren, weitgehend ausschaltete.

Im Fahrbetrieb lastete nur sehr wenig Gewicht auf der Hinterachse. Daher war die Zugkraft im Zweiradbetrieb – besonders im Rückwärtsgang – nicht so gut wie bei manchem gewöhnlichen Auto. Dies wurde jedoch durch die Leichtigkeit ausgeglichen, mit welcher der Vierradantrieb ein- und ausgeschaltet werden konnte. Der allgemein eingebaute Sechszylinder-Reihenmotor mit sieben Kurbelwellenlagern gab seine 100 Pferdestärken bei 3600 Umdrehungen ab, entwickelte jedoch sein Höchstdrehmoment von 25,3 mkp bereits bei 1800/min. Dies verlieh dem Jeep die angenehme Fähigkeit, über große Strecken mit niedriger Geschwindigkeit im großen Gang dahinrollen zu können, wenn die Verkehrsdichte oder andere Gründe dies wünschenswert erscheinen ließen.

Beim Einlegen der Geländeuntersetzung wurde das Übersetzungsverhältnis so reduziert, daß im dritten Gang 5,4 km/h (3,4 mph) 1000 Umdrehungen entsprachen. Der Wagen konnte auch im großen Gang auf einer (gemessenen) Steigung von 25% anfahren. Als nützliches Zubehör erwies sich eine elektrische Winde der Firma Warn, die vorn angebaut war und 3,6 Tonnen ziehen konnte. Als die holländische Ulmenkrankheit eine Ulme auf einen Weg in Berkshire vor den Jeep warf, zog die Winde den Baum mit eindrucksvoller Mühelosigkeit zur Seite (die Länge des Drahtseiles war 45 m [150 Fuß]).

Im April 1978 erschien ein weiterer ausführlicher Jeep-Fahrbericht; diesmal vom »Cherokee Chief« (Irokesen-Häuptling). Das Fahrzeug wurde von der Firma TKM gestellt, die den Vertrieb des Jeeps in England übernommen hatte und noch heute über den Firmenzweig »Jeep UK Ltd« verkauft. Der Hersteller American Motors hat sich teilweise zurückgezogen, weil sein Modell AMC PACER (Schrittmacher) in Europa bei den Käufern nicht recht ankam.

Wenn man Vergleiche ziehen will, so war der Cherokee Chief ein Rivale des Range Rover, den seit dem Tage seiner Vorstellung immer wieder Lieferengpässe begleiteten. Der Chief besaß den großen 5,9-Liter-V8-Motor, ein Dreigang-Automatikgetriebe und Vierradantrieb. Dabei schaltete das Verteilergetriebe im großen Gang die Übersetzung vom direkten Durchtrieb auf eine Untersetzung von 2,57 herab. Für all diesen Bedienungskomfort mußte man in Form eines hohen Kraftstoffverbrauches bezahlen. Im Alltagsgebrauch mußte der Fahrer einen Benzindurst von 23,8 Liter auf 100 km (4,2 km pro Liter, 12 mpg) hinnehmen, wobei bei 130 km/h (80 mph) sogar 32,3 l/100 km (3,1 km pro Liter, 8,8 mpg) durchliefen). Das Fahrzeug schaffte 144 km/h (90 mph), es besaß hydraulische Ventilstößel und eine elektronische Zündanlage.

Die meisten Pluspunkte sammelte der Chief auf nasser Fahrbahn beim Beschleunigen aus dem Stillstand. In Kurven dagegen wurde sein Fahrverhalten mit dem eines schwerfälligen Frontantriebswagens verglichen, da mehr als die Hälfte seines Gewichts auf den Vorderrädern ruhte. Die einzige andere ernsthafte Kritik betraf die Bremsen. Obwohl vorn Scheibenbremsen von großem Durchmesser eingebaut waren (hinten Trommelbremsen), die mit Hilfe eines Bremskraftverstärkers betätigt wurden, schoß die Anzeige des im Test verwendeten Bremskraftmessers für das Bremspedal über das Skalenende hinaus, bevor die Räder zum Blockieren gebracht werden konnten.

4. Eine neue Ära

Die charakteristischen Merkmale des berühmten MB sind in Kapitel 2 aufgezählt worden. Eine Militär-Version wurde ohne bedeutende Änderungen bis 1950 weitergebaut. Im Jahre 1950 waren die einzigen Veränderungen die Umstellung auf eine 24-Volt-Anlage – das andere Extrem gegenüber der bisherigen mit 6 Volt – und daß jetzt allgemein alle elektrischen Bauteile gegen Wasser geschützt wurden. Auch erhielt der MC oder M 38, wie er bezeichnet wurde, anstelle der geteilten Windschutzscheibe eine einteilige.

Ab 1951 erschien ein neues Modell mit der Bezeichnung MD-M38 A 1, das bis 1971 gebaut wurde. Die wichtigsten Änderungen waren abgerundete Kotflügel vorn und daß der Motor einen neuen Kopf erhielt: An die Stelle eines seitengesteuerten »L«-Kopfes, bei dem die Ein- und Auslaßventile nebeneinanderstehen, trat ein wechselgesteuerter »F«-Kopf, bei dem die Einlaßventile hängen und die Auslaßventile stehen.

Obgleich der Jeep ein Produkt von Willys-Overland war, steigerte er sich erst 1963 von der Modellbezeichnung zum Markenartikel, als die Firma Kaiser-Jeep entstand. Henry J. Kaiser wurde berühmt durch seine geschweißten Schiffsbauten, die in den Kriegsjahren so lebenswichtig waren, um den Nachschub zu den europäischen Verbündeten zu transportieren. Sein erfolgreicher Einzug in den Automobilsektor ist gleichfalls bemerkenswert. Kaiser sollte später (1970) ein Teil von American Motors werden. Diese führten die Baureihe der Jeep-Fahrzeuge weiter, wobei der eingetragene Name Jeep der Firma Kaiser-Jeep geschützt blieb. Also änderte sich während der Bauzeit des Modells MD zwar der Besitzer des Namens, nicht aber der Militär-Jeep selbst. Und als Anfang 1970 der Zusammenschluß mit American Motors erfolgte, wurde das MD-Modell des Jeeps von der nunmehr dritten von drei verschiedenen Firmen gebaut, aber immer noch in Toledo/Ohio.

76

MB Military 1941–5, der bewährte Ahne

MC, M38 Military 1950–1

77

MD-M38A1 Military 1951–71

CJ-2A Universal Jeep 1945–9

CJ-3A Universal 1948–53

78

DJ-3A Dispatcher, 2WD 1955–64

CJ-3B Universal 1953–64

CJ-5 Universal 1955–69

79

CJ-5 Universal 1970–9

CJ-5A Tuxedo Park Mk IV 1965

CJ-6 Universal 1955–69

80

CJ-6 Universal 1970–9

CJ-7 Universal 1976–9

C-101 Jeepster Commando 1966–71

C-104 Commando 1972–3

VJ2 oder 3, VJ3-6 Jeepster 1949

C101 Jeepster Convertible 1966–71

4-63 (2WD) 1946–50, 4×4-63 (4WD) 1949–50

6-63 Station Sedan 1950

4-73 (2WD), 4×4-73 (4WD) 1950–1

4-75 (4WD) 1956–65

83

Maverick (2WD) 1958

1413 Jeep Panel Delivery 1962–8

84

1414 Wagoneer (4WD) 1962–5

1414D Super Wagoneer 1965-8

1414 Wagoneer 1965-70

1414 Wagoneer 1970-2

85

1400, 1500 Wagoneer 1973

1400 (1974–6), 1500 (1974–9) Wagoneer

Wagoneer Limited 1978–9

86

1600, 1700 Cherokee 1974–9

Cherokee Chief 1975–9

1800 Cherokee 1977–9

Cherokee Limited (nur für Export) 1979

FC-150 Truck 1957–64

FC-170 Truck 1957–64

2WD und 4WD Truck 1947–50

4-73 Truck 1950–1

4-75 Truck 1952–65

89

Baureihe 2400, 3400 Gladiator 1962–9

Typ 2400, 3400 1969–72

2500, 2600, 4500, 4600, 4700 und 4800, Reihe 1973–9

Für den zivilen Bedarf erschien 1945 der CJ-2A und blieb bis 1949. Von der damaligen Militär-Version unterschied ihn einzig und allein, daß er eine Heckklappe besaß und als Folge dessen das Reserverad an der Seite angebracht war. Mit einer leichten zeitlichen Überschneidung mit dem CJ-2A kam von 1948 bis 1953 der CJ-3A. Dieser war seinem Vorgänger recht ähnlich und besaß einen Motor mit seitengesteuerten »L«-Kopf, eine 6-Volt-Anlage, Heckklappe und ein seitlich angebautes Reserverad.

Eine Neuerung, die 1955 erschien und sich bis 1964 behauptete, lief eigentlich dem Jeep-Motto zuwider. Das war der DJ-3A »Dispatcher« (Fahrdienstleiter), der als ungewöhnliches Merkmal nur Hinterradantrieb besaß. Vorn wurde eine gewöhnliche Starrachse verwendet. Der Motor hatte immer noch den L-Kopf und der Wagen wurde wahlweise mit Stoffverdeck oder einem ziemlich unansehnlichen Hardtop angeboten. Von 1953 bis 1964 kam der CJ-3B Universal-Jeep auf den Zivilmarkt. Dieser besaß den Motor mit wechselgesteuertem F-Kopf und eine Heckklappe, kehrte jedoch zu den eckigen Kotflügeln zurück. Er hatte eine normale 12-Volt-Anlage, Heckklappe und seitliches Reserverad. Teilweise zeitgleich erschien der CJ-5 Universal-Jeep von 1955 bis 1969. Er wurde durch gerundete Kotflügel gekennzeichnet sowie durch die Möglichkeit, wahlweise verschiedene Ausrüstungsstufen zu bestellen: Man konnte zwischen einer 6-Volt- und einer 12-Volt-Anlage und bei den Motoren zwischen einem F-Kopf und einem Sechszylinder-V-Motor wählen. Der Radstand betrug fast 2,1 m (7 Fuß).

Das von 1970 bis 1979 unter der gleichen Bezeichnung weitergebaute Modell besaß seitliche Reflektoren, Scheibenwischer, die unten an der Windschutzscheibe angebaut waren, einen nach rückwärts verlegten Kraftstofftank, eine 12-Volt-Anlage sowie eine breitere Angebotspalette bei den Motoren: vom Vierzylinder-F-Kopf über einen V-Sechszylinder bis zu einem V-Achtzylinder. Ab 1972 wurden die Pedale für Bremse und Kupplung hängend angebracht, statt vom Boden stehend.

Der CJ-5 A Tuxedo Park Mark IV erschien nur im Jahre 1965. Auch er konnte mit F-Kopf oder V-6 bestellt werden. Diese Version wurde noch zusätzlich durch Chrom verziert: auf den Stoßstangen, dem Haltegriff des Beifahrers und den Beschlägen der Motorhaube. Zur Ausstattung gehörten noch Polstersitze und Fußmatten.

Von 1955 bis 1969 gab es auch den CJ-6 Universal-Jeep. Er wurde gekennzeichnet durch Heckklappen, gerundete Kotflügel vorn, 6-Volt- oder 12-Volt-Anlage, seitliches Ersatzrad, einen verlängerten Aufbau auf einen Radstand von 2,6 m und wahlweise wechselgesteuerten Vierzylinger- oder V-Sechszylindermotor. Dieses Modell wurde unter der gleichen Bezeichnung von 1970 bis 1979 weitergebaut. Jetzt besaß es eine 12-Volt-Anlage, Kraftstofftank im Heck und eine Motorenauswahl von Vier- über den V-Sechs- bis zum V-Achtzylinder. Der Radstand bleib auf 2,6 m verlängert.

In diesem Zeitraum wurden die verschiedensten Jeep-Modelle überlappend gleichzeitig nebeneinander gebaut. Diese Zeitüberschneidung mag Verwirrung stiften, besonders wenn man ein Modell aus diesen Jahrgängen restauriert. Dieses Problem wird noch dadurch verschärft, daß 1976 der bis 1979 gebaute CJ-7 Universal-Jeep vorgestellt wurde. Dieses Fahrzeug zeichnete sich unter anderem dadurch aus, daß es auf Wunsch mit einem Automatikgetriebe in Verbindung mit permanentem Allradantrieb erhältlich war. Der Radstand betrug 2,37 m und die Nutzlast war höher. Er besaß Schalensitze und bot bei den Motoren die Wahl zwischen Sechs- oder Achtzylindern, letztere als V-Motoren. Das Reserverad war wieder hinten befestigt und das »Verdeck« war ein Triumph an Rundumsicht.

Die jüngsten Versionen des traditionsreichen Jeeps werden im nächsten Kapitel eingehend behandelt. Für die Jahre zwischen Kriegsende und 1979 müssen die verschiedenen Ausführungen des Jeeps in Modellreihen zusammengefaßt werden: die »traditionellen« Jeeps, Limousinen, Kombiwagen usw.

Ein von 1966 bis 1971 aktuelles Modell war der C-101 Jeepster Commando mit Vierradantrieb und wahlweise handgeschaltetem oder automatischem Getriebe. Bei den Motoren konnte man zwischen dem bewährten F-Kopf-Vierzylinder oder dem V-Sechs wählen. Den C-101 gab es als Cabriolet, Roadster, Pickup oder Kombiwagen.

Nach dem C-101 erschien der C-104 Commando in seiner kurzen Blütezeit von 1972 bis 1973. Sein wichtigstes Erkennungszeichen unterschied ihn stark von den anderen Markengefährten: Anstelle der klassischen, senkrechten Rippen des Kühlergrills (die für den großen MB so charakteristisch waren) besaß er ein waagerechtes Rechteckmuster. Das Fahrzeug entsprach im Stil den Personenwagen seiner Zeit. Die vorderen Kotflügel verliefen in der heute gebräuchlichen Art mit der Motorhaube. Es hatte ebenfalls Kübelsitze, wobei die hintere Bank abgeklappt werden konnte. Es wurde auch als Pickup oder ganz offen geliefert, behielt den Vierradantrieb und bot dieselbe Motorenauswahl wie der CJ-J-Universal-Jeep. Die Geschichte des Roadsters reicht (nur) bis 1949 zurück, als der VJ-2 oder 3 und der VJ 3-6 Jeepster auf dem Markt waren. Die Wagen sahen spritzig aus und versprachen, Verkaufsschlager zu werden. Sie waren jedoch in gewisser Weise Hochstapler, da sie nur zwei angetriebene Räder aufwiesen.

Von 1966 bis 1971 gab es das C-101 Jeepster Convertible (Cabrio). Der Kühler trug das senkrechte Stabmuster und vorn war man eine Art Kompromiß eingegangen, da die Motorhaube die Kotflügel nur zur Hälfte bedeckte. Vierradantrieb und Kübelsitze wurden mitgeliefert. Das Reserverad saß hinten, das Stoffverdeck wirkte wie von einem Cabrio, es gab Handschalt- und Automatikgetriebe und bei den Motoren konnte man zwischen dem Vierzylinder und dem V-Sechszylinder wählen.

Zwischen 1946 und 1950 existierte ein ungewöhnliches Fahrzeug: vorn typisch Jeep und dahinter ein kistenartiger Kombi-Aufbau. Das Modell 4-63 (von 1946 bis 1950 gebaut) besaß zwei angetriebene Räder und den von 1949 bis 1950 gebauten 4 × 4-63-Vierradantrieb. In beide war der Standard-Vierzylinder-L-Kopf (seitengesteuert) eingebaut. Merkmale waren – außer dem Aufbau – die geteilte Windschutz- und Heckscheibe, wobei letztere über einer Heckklappe saß.

1949 tauchte kurz das Modell 6-63 Station Sedan (Limousine) auf. Er besaß einen Sechszylindermotor mit stehenden Ventilen. Dies war zu einer Zeit, als bereits Motoren mit hängenden Ventilen im Kommen waren und sogar schon Motoren mit zwei obenliegenden Nockenwellen (z. B. im Jaguar XK 120) angekündigt waren. Trotz einiger Korbgeflecht-Verzierungen wirkte das Fahrzeug eher wie ein ländlicher Leichenwagen. Außerdem hatte es nur Hinterradantrieb. In den Jahren 1950/51 erschienen der zweiradangetriebene 4-73 und der 4 × 4-73, deren Motorenangebot den Vierzylinder-F-Kopf und den seitengesteuerten Sechszylinder umfaßten. Der traditionelle Jeep-Kühler wurde durch eine V-förmige Konstruktion mit Chromzierat ersetzt. Der Aufbau war vom Typ Lieferwagen mit zwei Türen und einer Heckklappe, die Windschutzscheibe war zweigeteilt.

Eine wesentlich längere Laufzeit war dem Modell 4-75 beschieden, das 1956 erschien und bis 1965 auf dem Markt blieb. Es besaß einen ähnlichen Aufbau, der jedoch in seiner Linienführung mehr dem heutigen Geschmack entsprach. Der Kühlergrill war jetzt wieder im gewohnten Jeep-Stil bis auf einen waagerechten Mittelstab. Das Scheibenglas war vorn und hinten einteilig. Alle Fahrzeuge besaßen Vierradantrieb, doch erschien während der Bauzeit des 4-75 der Maverick (Wildrind), der jedoch nur 1958 gebaut wurde und lediglich Hinterradantrieb aufwies. Dies oder die Tatsache, daß er nur mit schlauchlosen Reifen und ohne Ersatzrad geliefert wurde, mag zu seinem frühen Ableben beigetragen haben.

Der erste Lieferwagen erschien 1962. Er war ein hübsches schnittiges Auto, das bis 1968 hergestellt wurde. Er besaß den ersten Motor mit obenliegender Nockenwelle, einen Sechszylinder, der wahlweise in zwei Leistungsstufen geliefert oder durch einen V-8 ersetzt werden konnte. Er besaß den traditionellen Vierradantrieb und einen kantigen Kühlergrill, dem man aber noch die Jeep-Ahnenreihe ansehen konnte. Im gleichen Jahre, aber bereits 1965 auslaufend, kam der 1414 »Wagoneer« (Frachtkutscher) heraus, der dem Lieferwagen recht ähnlich war, aber als Extra wahlweise ein Automatikgetriebe anbot.

Der Name »Wagoneer« wurde zur Bezeichnung einer berühmten Typenreihe, die heute noch fortlebt. Von 1965 bis 1968 gab es den 1414 D mit Luxusausstattung innen und außen, Schalensitzen und handbetätigter Lenkradschaltung. Er wurde ausschließlich mit Vierradantrieb geliefert. Das Lenkrad war in der Höhe verstellbar. Als Motor wurde der V-Acht-Typ 327 mit Vierfachvergaser eingebaut. Zur gleichen Zeit erschien das Modell 1414, das bis 1970 weitergebaut wurde. Es war schlichter als der 1414 D und fing an mit einem Sechszylinder-Reihenmotor und Zwei- oder Vierradantrieb. Im Verlaufe seines Lebens wurde das Modell in einigen Details geändert, doch wurde es ab 1968 in Normalausführung hauptsächlich mit dem V-8-350 und Vierradantrieb geliefert.

Ab 1970 (bis 1972) war der 1414 Wagoneer an einem neuen Grill, Rückfahrscheinwerfern und seitlichen Positionslampen zu erkennen. Der Vierradantrieb war die Norm, und man konnte jetzt seine Wahl unter fünf verschiedenen Motoren treffen: vom 6-232 bis zum V-8-360. Erwähnenswert: Die Kupplung wurde mechanisch betätigt und eine Warnleuchte zeigte den Ausfall der Bremsanlage an.

Zwischen 1964 und 1979 wurden verschiedene Modelle des Wagoneer gebaut: von 1974 bis 1976 der 1400, von 1974 bis 1979 der 1500 und schließlich noch von 1978 bis 1979 der Wagoneer »Limited«. Alle besaßen V-8-Motoren, Lenkunterstützung und höhenverstellbare Lenksäulen. Der »Limited«, an seinem Namensschild erkenntlich, war außerdem mit Tempomat, dickerem Teppichboden und Klimaanlage ausgestattet.

Eine weitere beliebte Modellreihe des Jeeps, der (heute noch gebaute) »Cherokee« wurde 1974 geboren und lief bis 1979 als der 1600 und der 1700 weiter. Er besaß einen senkrecht gegliederten Kühlergrill, der jedoch im Gegensatz zu dem des herkömmlichen Jeeps eher wie ein Gebiß wirkte. Es handelte sich dabei um einen zweitürigen Kombi mit Heckklappe, 2,70 m Achsabstand und kräftigen Sicherheits-Stoßfängern. Ein Jahr nach seiner Vorstellung erschien dann 1976 der »Cherokee Chief«, der gleichfalls bis 1979 gebaut wurde. Dieser war recht ähnlich, besaß jedoch eine breitere Spur und Geländereifen. Bei beiden Modellen konnte man unter den gleich drei Motoren wählen: dem Sechszylinder und den beiden V-Achtzylindern 360 und 401.

Von 1977 an, bis diese Cherokee-Serie 1979 eingestellt wurde, kam der 1800 Cherokee, im Grunde eine viertürige Version der beiden anderen. Im Jahre 1979 gab der »Cherokee Limited« ein kurzes Gastspiel. Er war nur für den Export bestimmt und besaß an Besonderheiten Lederpolster, extra dicken Teppichboden, Servolenkung, Klimaanlage, Getriebeautomatik und ein Stereoradio für den Empfang im Mittelwellen- und UKW-Bereich.

PICK-UPS

Die Geschichte der Pritschenwagen auf Jeep-Basis begann 1947. Damals konnte man zwischen Zwei- und Vierradantrieb wählen (beide Varianten wurden noch nicht durch Modellnummern gekennzeichnet). Sie sahen dem gewohnten Militär-Jeep recht ähnlich und besaßen den Vierzylinder-Standardmotor. Die Fertigung wurde bis 1950 aufrechterhalten. Dann kam der ähnliche 4-73, der aber nur mit Zweiradantrieb gebaut wurde. Von 1952 bis 1965 gab es den 4-75 mit keilförmigem Bug, reicherem Karosserieschmuck und wahlweise 6- oder 12-Volt-Anlage.

Der FC 150 erschien 1957 und währte bis 1964. Dies war das erste der modernen Frontlenker-Jeep-Modelle. Zwar besaßen alle Vierradantrieb und den Vierzylinder-Willys-Motor mit (wechselgesteuertem) F-Kopf. Parallel dazu wurde der FC-170 gebaut, der ihm fast in jeder Beziehung entsprach, jedoch eine größere Ladefläche und einen Sechszylindermotor bot.

Von 1962 bis Mitte 1969 wurde ein neuer Name in die Annalen des Jeeps geschrieben: Der »Gladiator«. Seine Modellreihen trugen die Nummern 2400 und 3400. Der Kühlergrill wurde dem des Originaljeeps wieder ähnlicher, aber bei den Motoren konnte man zwischen je zwei Sechszylindern und zwei V-Achtzylindern wählen. Das Fahrzeug konnte von der Seite oder von hinten beladen werden. Von Mitte 1969 an bis 1972 wurden die Modelle unter der gleichen Bezeichnung weitergebaut, aber mit dem »Zahnreihen«-Kühlergrill des Cherokee. Die Motorpalette vergrößerte sich auf ein Angebot von nicht weniger als vier V-8-Motoren: den 304, 350, 360 und 401. Zum Abschluß der Dekade kamen sechs Versionen auf den Markt, wenig mehr als einfach Pick-ups jener Zeit. Angeboten wurde eine Auswahl unter drei Motoren, eine neue Anhäufung von Instrumenten, permanenter Vierradantrieb und die Möglichkeit, das Fahrzeug von hinten und von jeder Seite zu beladen.

94

Ein Einheits-Jeep für das Volk: der »Renegade« (Überläufer) von 1981. Auch er gehörte – als CJ-5 – zur CJ-Baureihe. Man beachte den Überrollbügel, der unter extremen Bedingungen für die Sicherheit der Insassen sorgt, die gerundeten Formen und die breiten Reifen. Normalerweise wird der 2,5-Liter-Vierzylinder eingebaut, auf Wunsch auch der neue Sechszylinder oder der V-Acht.

DER JEEP HEUTE

Die Jeeps haben eine harte Jugend hinter sich. Schließlich wurden sie für den Krieg entworfen, für den Krieg gebaut und sind durch den Krieg ausgereift. Deshalb ist es nicht verwunderlich, daß die heutigen 1982er Modelle sich von ihren Ahnen mehr im Finish innen und außen unterscheiden, als in größeren technischen Veränderungen. Das hochglänzende Äußere, das heute dem Auge so zusagt, wäre auf dem Schlachtfeld undenkbar gewesen. Als die American Motors Corporation den Firmenbesitz übernahmen, wurde dann das Motiv Vierradantrieb auch auf andere Modelle übertragen, die nicht den Namen Jeep trugen.

Die CJ-Serie des Jeeps wird weitergebaut und man darf ziemlich sicher sein, daß sie – oder ein entsprechendes Gegenstück – in nächster Zukunft noch auf dem Markt sein wird. Für 1981 wurde eine Auswahl an flotten Verpackungen und Kraftübertragungen angeboten. Dem alten MB und seinem Kriegsruhm kommt der CJ-5 Renegade am nächsten, aber es gibt auch den CJ-7 Laredo (Grenzstadt in Texas) mit einem Hardtop.

95

Der CJ-7 Laredo-Modell 1981 bietet die gleichen drei Motoren zur Auswahl an wie der Renegade. Beide werden jedoch nach Kalifornien nicht mit dem V-8 geliefert. Der Sechszylinder-Standardmotor ist in seiner Wirtschaftlichkeit verbessert und im Gewicht um 40 kg (90 lb) verringert worden. Die Gewichtserleichterung wurde in der Hauptsache durch verstärkten Einsatz von Leichtmetall erreicht. Wahlweise sind Vierganggetriebe in handgeschalteter oder automatischer Ausführung erhältlich.

Hier gibt es einige Verwirrung, weil – je nach dem betreffenden Markt – die Typbezeichnungen und in geringem Maße auch die Ausführungen sich unterscheiden. Zum Beispiel gibt es in den USA den CJ-5 Renegade, während in England der CJ-7 Renegade angeboten wird. Der CJ-7 Laredo ist in England nicht auf dem Markt. Außerdem werden beide Autos in den USA mit 2,5-Liter-Vierzylinder- oder 4,2-Liter-Sechszylindermotor angeboten, dagegen in England nur der Sechszylinder. Auch kann man in den USA noch einen V-8 kaufen; außer in Kalifornien.

Das Motorenangebot besteht in der Hauptsache aus den Reihen-Vier- und -Sechszylindermotoren sowie dem V-8. Alle Motoren besitzen jetzt eine obenliegende Nockenwelle und folgende Kenndaten:

1. Der Vierzylinder. 2,5 Liter, Verdichtungsverhältnis 8,2:1, Doppelvergaser, fünf Kurbelwellenlager, hydraulische Ventilstößel, Hauptstromölfilter.
2. Der Reihensechszylinder besitzt 4,2 Liter Hubraum, ein Verdichtungsverhältnis von 8,3:1 und ist sonst baugleich mit dem Vierzylinder, nur daß er sieben Kurbelwellenlager besitzt.
3. Der V-8 hat einen Zylinderwinkel von 90° und einen Hubraum von 5,9 Liter mit einem Doppelfallstromvergaser.

Alle drei Motoren besitzen für den Kaltstart eine Startautomatik.

96

Dieser 1981er Wagoneer besitzt vorn eine neue Scheibenbremsanlage, deren Bremszangen nicht mehr festgehen können und deren Bauteile wie auch der Bremskraftverstärker leichter sind.

Von der Leistungsabgabe her ist der Vierzylindermotor mit 100 PS, der Sechszylinder mit 110 PS und der Achtzylinder mit 175 PS einzustufen. Es handelt sich bei allen drei um niedrigtourige Triebwerke, von denen die Reihenmotoren ihre Höchstleistung bei 3500 Umdrehungen und der V-8 bei 4000/min erreichen. Die Reihenmotoren geben ihr höchstes Drehmoment bei 3200 und der V-8 bei 3800 Touren ab. Das sind höhere Drehzahlen als die 1800 des alten Sechs- und die 2800/min des alten V-Achtzylinders.

Sehen wir uns einmal das gegenwärtige Angebot des Mutterhauses in Nordamerika an: Da gibt es als Rückgrat die CJ-Baureihe, bei der der CJ-5 Renegade und der CJ-7 Laredo den vertrauten 2,5-Liter-Vierzylindermotor haben mit der Ausweichmöglichkeit auf den recht leichten Sechszylinder. Fast immer wird dazu auch noch der V-8 angeboten. Als nächste kommen der Cherokee und der Wagoneer; wobei ersterer jetzt mit vier Türen angeboten wird und letzterer in Luxusausführung als der Wagoneer Limited.

Der Pick-up ist unter dem Namen Jeep »Honcho« (japanisch für Boß, Chef) mit der Typbezeichnung J-10 erhältlich. Er wird normalerweise mit dem leichtgewichtigen Sechszylinder als Antriebsquelle ausgerüstet, doch ist auf Wunsch auch der V-8 erhältlich (außer, wie gesagt, in Kalifornien). Er ist ein hübsches Fahrzeug, dessen Aussehen durch den rein funktionalen Charakter noch gewinnt.

American Motors bringt außer den Jeeps noch andere Autos auf den Markt. Ihr »Eagle SX/4« (Adler) verdient Erwähnung, weil in ihm bestimmte Züge des Jeeps wiederkehren, wie zum Beispiel der Vierradantrieb. Der Standardmotor

97

Der Cherokee Chief des Jahres 1981. Merkwürdig ist, daß hier zum erstenmal bei einem Privat-Jeep die Haubenentriegelung von innen betätigt wurde. Die Abgaswerte sind so weit verringert worden, daß sie den Vorschriften der meisten Bundesstaaten der USA entsprechen.

ist der Vierzylinder, doch gibt es wahlweise auch den Sechszylinder. Ein handgeschaltetes Vierganggetriebe wird einheitlich eingebaut. Alle Stahlteile sind einseitig verzinkt. Dieses zweitürige Modell führt würdig die Tradition des europäischen Coupés fort. Der Entwurf seines Schräghecks erscheint äußerst reizvoll.

In einigen Ländern, wie z. B. England, werden die Jeeps nur von Importeuren vertrieben (in England Jeep [UK], Ltd., Northway, Andover, Hampshire), aber AMC hat seine eigenen Fabriken rund um die Welt liegen, in denen die Fahrzeuge hergestellt oder montiert werden; gelegentlich in Partnerschaft mit einem anderen Autohersteller wie in Japan mit Mitsubishi.

Im September 1980 wurden die Fertigungsstätten des Jeeps in Kanada auf die Produktion anderer AMC-Fahrzeuge umgestellt. Im gleichen Jahr wurde jedoch in Ägypten ein Stützpunkt neu eingerichtet und in Argentinien, Brasilien, Indien und Mexiko bestehen ebenfalls Werke. In der Türkei steht eine große Zahl von Jeeps im Gebrauch, die Anzahl auf den Philippinen aber muß einmalig sein. Zu den aus der Kriegszeit zurückgelassenen Jeeps kamen noch Güterzüge voll überzähliger Jeeps nach dem Kriege. Viele davon wurden zu »Jeepneys«, ein Wort, mit dem man dort ein Jeep-Taxi bezeichnet. Die Passagiere bestiegen das Fahrzeug über eine Stufe am Heck des gewöhnlich verlängerten Aufbaus, an der Seite waren Stangen befestigt, die ein leichtes Dach trugen. Man könnte den Jeepney als einen »Fiaker mit Fransen oben« bezeichnen, nur daß er statt vier Sitzplätzen deren zwölf faßt.

98

Dies ist der Honcho Pick-up mit Vierradantrieb, der wahlweise auf Zweiradantrieb umgeschaltet werden kann. Es werden zwei verschiedene Automatikgetriebe angeboten, wobei das teurere an beiden Achsen Quadra-Trac-Sperrdifferentiale besitzt.

Der allgemeine Schwerlast-Einsatz der Jeeps auf den Philippinen brachte die Firma Sarao Motors in Manila auf die Idee, den Nachbau von Ersatzteilen aufzunehmen. Der Umfang ihrer Ersatzteilfertigung erstreckte sich schließlich auf das ganze Fahrzeug. Daraufhin bauten Sarao ihre eigene Version des Jeepney. Er war und ist ein prächtiges, glänzendes Fahrzeug, das auf einen verlängerten Rahmen aufgebaut wird. In seinem Äußeren kann er sich mit den hübschesten der traditionellen Zigeunerwagen messen mit seinen Weißwandreifen und jeder Menge hellglitzernder Metallteile. Die Eigentümer dieser Taxis, die in erster Linie für den Pendelverkehr zwischen den Vororten und der City benutzt werden, versuchen sich gegenseitig in der Ausschmückung ihrer Fahrzeuge zu überbieten.

In Nordpakistan wird der Jeep ebenfalls als Taxifahrzeug benutzt. Malih Idris Khan hat kürzlich (eigens für dieses Buch) einen Bericht verfaßt, der seine langjährigen Erfahrungen mit Jeeps beweist. Die Fahrzeuge sind gewöhnlich alte Willys CJ-5, die in privaten Händen sind und voll heiterem Gleichmut hinsichtlich irgendwelcher Sicherheitsbestimmungen gefahren werden. Eine Normalladung besteht aus elf bis fünfzehn Personen einschließlich aller Habe, die sie mitführen wollen. Die Jeeps sind – abgesehen von verstärkten Federn und Stoßdämpfern – absolut unverändert und die Passagiere finden ihre Plätze erst nach dem Erklimmen von Bergen an Kisten und Bündeln. Noch ungewöhnlicher ist die Straße, die die Jeeps befahren: Sie erhebt sich bis etwa 4300 m über Meereshöhe.

Bevor einige Jahre früher im Norden eine anständige Straße gebaut wurde (die sich bis zur Grenze Chinas erstreckt), waren in diesem Gebiet zu Lande Jeeps das einzige Transportmittel. Daneben gibt es noch eine Flugverbindung zum Norden, die gleichermaßen haarsträubend ist, mit der wir uns hier aber nicht befassen wollen.

Gegenwärtig werden in diesem Land CJ-7, Wagoneers und J-20 Pick-up mit Rechtslenkung montiert. Alle treibt der AMC-Sechszylinder-Reihenmotor mit 3,8 Liter, der, wie ich glaube, nicht mehr für die Märkte der USA und Europa verwendet wird. Eingebaut wird jetzt der 258, der 40 kg weniger wiegt. Alle Fahrzeuge besitzen ein handgeschaltetes Dreigangetriebe und eine Ausstattung, die selbst an Jeep-Maßstäben gemessen äußerst dürftig ist. Als einziges Extra werden Freilaufnaben für die Vorderräder angeboten. Die pakistanischen CJ-7 haben Blechtüren mit Schiebefenstern, Stoffdach und -Seitenteile.

Davor wurde ein CJ-5-Modell gebaut, mit wetterfestem Stoffdach und Seitenteilen sowie längs eingebauten Sitzbänken hinten (die dem des Land-Rover recht ähnlich sind). Zu diesen Rücksitzen gelangte man durch zwei ziemlich windige Blechtüren. Dieses Modell wurde 1979 eingestellt und durch den CJ-7 ersetzt, der ebenfalls die hinteren Sitzbänke in Längsrichtung besaß, jedoch nicht die Türen hinten.

Hier die persönlichen Erfahrungen von M. J. Khan, die er in einem Lande, das an den Jeep besondere Anforderungen stellt, gemacht hat:

»Wir sind seit 1946 Jeep-Eigner gewesen und wir benutzen die Fahrzeuge auf unserem kombinierten Farm-Ranch-Naturpark zum Personentransport und für gelegentliche kleine Arbeiten. Unser erster Jeep war ein Willys MB mit Anhänger aus alten Heeresbeständen. Der Jeep wurde Jahre später nach zahlreichen Abenteuern verkauft (wobei einmal ein wütendes Kamel auf ihm herumgetrampelt hatte, was sowohl Jeep wie auch Kamel überlebten). Den Anhänger haben wir heute noch. Er wird laufend dafür verwendet, alles Mögliche umherzukarren.

Die späteren Jeeps sind alle CJ-5er gewesen und zur Zeit haben wir drei davon: einen 1962 Willys in der US-Version, einen AMC von 1976 und einen AMC von 1977, die beide hier zusammengebaut wurden. Der Willys hat insgesamt 336 000 km zurückgelegt und ist schon mehrmals überholt worden, hat aber immer noch den Original-Motorblock, Zylinderkopf, Getriebe und Differentiale und das, obwohl er täglich im Einsatz ist. Was die AMC-Versionen betrifft, so mußte bei dem älteren nach 80 000 km ein neues Getriebe eingebaut werden und beim zweiten brach bei 30 000 km ein Rahmenteil im normalen Alltagsgebrauch.«

Mr. Khans letzter (und neuester) Jeep wurde für die besonderen Bedürfnisse seines Besitzers erheblich umgebaut. Alle seine Jeeps erhielten für das dortige schwierige Gelände stärkere Federn und verstärkte Stoßdämpfer.

China hat, um das Bild abzurunden, immer noch eine Anzahl von Jeeps im zivilen Gebrauch. Diese sind *der* Jeep – der Willys MB – sowie einige CJ-5M

(»M« steht dabei für Military = Militär-Version). Wahrscheinlich handelt es sich dabei im Falle der MB um die Hinterlassenschaft der nationalchinesischen Armee und bei den CJ-5M um Überbleibsel aus dem Grenzkrieg von 1962, die bei der indischen Armee erbeutet wurden.

So finden wir Jeeps auf der ganzen Welt; neue oder noch fahrbereite Kriegsrelikte, und wir werden sie noch lange Zeit vorfinden. Der Ur-Jeep besaß – und besitzt sie noch – eine besondere Anziehungskraft, die älter ist als die des Land Rover und mit Sicherheit älter als die der japanischen Versionen, die jetzt als Konkurrenten auf den Markt kommen.

JEEPS FÜR DEN FREIZEITSPASS

Unter dem farblosen Titel »KOJ« wendet sich im Nordwesten der USA, an der Pazifikküste, eine preiswerte Zeitschrift an die Jeep-Fans. Genauer gesagt heißt sie »Keep on Jeeping« (Weitermachen mit dem Jeep), wird von Darilee Beduar herausgegeben und erscheint jetzt im neunten Jahr. Das ist charakteristisch für die große Zahl von Jeep-Clubs, die man überall dort findet, wo es das Gelände eines Bundesstaates möglich macht, an Wochenenden sein Vergnügen beim Fahren im Gelände zu finden. Manche Jeep-Liebhaber trennen sich von ihren Motoren, um wahre Kraftwerke einzubauen. Dazu wird von den vielen Zubehörfirmen, die sich auf alle Arten von Vierradantrieben spezialisiert haben, kräftig für Sperrdifferentiale geworben. Ersatzteile sind genausogut zu bekommen wie Sonderzubehör (und eine dieser Lieferfirmen wird im nächsten Kapitel erwähnt).

Die Club-Zeitschriften ähneln natürlich denen britischer Motorsportvereine, nur mit dem Unterschied, daß so viele in die Sparte Allrad fallen. Wenn man zum Beispiel vom Bundesstaat Washington aus über die Grenze nach Kanada fährt, gelangt man dort in die Provinz Britisch-Kolumbien. Dort findet man eine Zeitschrift namens »Backroader« (Feldwegfahrer), die von der »Four Wheel Drive Association of British Columbia« herausgegeben wird. Zu dieser Gesellschaft gehören nicht weniger als 47 Clubs, alle in der gleichen Provinz. (Der erste auf der Liste ist der »Back Road Bunch« (Feldweghaufen) und am Ende stehen die »Williams Lake Puddle Jumpers« (Pfützenspringer vom Williams-See.)

Ein Großteil der Freude, die ein Jeep vermittelt, besteht darin, in atemberaubend schöner Landschaft querbeet zu fahren, dorthin, wo herkömmliche Autos nicht hingelangen können. Im Falle einer Panne stehen immer zahlreiche hilfswille Hände mit Tat und Rat zur Verfügung. Es finden auch Rennen statt, die mit dem »mud-plugging« (Schlammstochern) im England der fünfziger Jahre vergleichbar sind, nur daß diese für ein Allradfahrzeug natürlich schwieriger sind. Der dreitägige Wettbewerb der »Allrad Sommer Rallye 1980« in Victoria

(Britisch-Kolumbien) zog mehr als 126 Fahrzeuge an den Start mit insgesamt über 200 Fahrern.

Angehende Jeep-Liebhaber, die im Vereinigten Königreich einen Jeep restaurieren und mit ihm Wettbewerbe fahren wollen, wären gut beraten, sich mit der »Military Vehicle Conservation Group« (Gesellschaft zur Pflege von Militärfahrzeugen) in Verbindung zu setzen. (Anschrift siehe Anhang 1.)

Der Verfasser hat übrigens, als er gebeten wurde, Preisrichter bei einem Modellbauwettbewerb Jugendlicher zu spielen, selbst entdeckt, daß da eine Menge Spaß am Jeep mitspielt. In der Tat waren kaum Dioramen ohne Jeeps vertreten und die Jeeps selbst waren aus den heute erhältlichen Bausätzen so gut zusammengebaut, daß letzten Endes die Qualität des Hintergrundes – das heißt des Schlachtfeldes – entschied, wer Sieger wurde. Ausschlaggebend für einen Preis war manchmal das realistische Aufbringen von Schlamm!

In Japan stellt die Plastikmodell-Firma Tamiya eine Anzahl äußerst wirklichkeitsgetreuer Bausätze her. Jeder davon enthält nicht nur Hinweise für Zusammenbau und Bemalung, sondern auch eine ausführliche Entwicklungsgeschichte des Modells. In ihrer Serie von Militär-Miniaturen im Maßstab 1:35 bringt Tamiya unter der Nr. 15 den ruhmreichen MB, komplett mit Viermannbesatzung und 12,7-mm-Maschinengewehr. Die Nr. 33 dieser Serie stellt die britische Version für den Einsatz bei dem SAS (Special Air Service) dar und zeigt auch Bilder vom Einsatz in der Wüste, wo sich der neu aufgestellte SAS als höchst schlagkräftige Elitetruppe bewährt hat. Die Bauanleitung für dieses komplizierte Modell, das mit einläufigen und Zwillingsmaschinengewehren Fabrikat Vickers bewaffnet ist und noch etwa fünfzehn Kanister mit zusätzlichem Kraftstoff mitführt, enthält auch einen Abriß der Rolle, die der SAS während des Krieges in Afrika gespielt hat. Die damaligen Erfolge waren der Anlaß, daß der SAS bis auf den heutigen Tag bestehen blieb. Das Modell Nr. 43 dieser Serie ist der Ford GPA Amphibian. Auch hier bringt der Bausatz wieder eine Menge an historischer Information, worin beispielsweise die Rolle von Marmon-Herrington erläutert wird.

102

5. Der künftige Nachfolger

Im Jahre 1981 standen bei den US-Streitkräften etwa 58 000 Jeeps im Einsatz, aber es wurden keine mehr bestellt. Man war der Meinung, daß dann, wenn einmal diese dauerhaften 0,25-Tonnen-Fahrzeuge ersetzt werden müssen, die Zeit reif sein wird für den Nachfolger, den Humvee. Anfang 1981 wurden detaillierte Lastenhefte an 65 Firmen übersandt. Damit begann das Rennen um den Siegesentwurf. Es wird traurig sein, dem Militär-Jeep Lebewohl zu sagen, doch kann man mit Gewißheit sagen, daß der Jeep in den Händen privater Eigner unbegrenzt weiterleben wird. Denn für den zivilen Markt werden natürlich noch neue Jeeps gebaut werden. Die Ära des Jeep-Fahrens wird wahrscheinlich solange währen, bis das Erdöl zur Neige geht.

Der Humvee hat seinen Namen von den Anfangsbuchstaben seines vollständigen militärischen Dienstgrades: **H**igh **M**obility **M**ultipurpose **W**heeled **V**ehicle (hochbewegliches Vielzweck Radfahrzeug). Wie der Jeep wird er ein 4 × 4 sein, jedoch mit 1,25 Tonnen das fünffache tragen. Die Vielseitigkeit wird dadurch erreicht, daß auf einem standardisierten einheitlichen Grundfahrwerk mit Hilfe verschiedener Rüstsätze der Humvee in einen Waffentrager, ein Funkfahrzeug, ein Versorgungsfahrzeug oder einen Krankenwagen verwandelt wird. Damit kann der Humvee alle Aufgaben übernehmen, für die zur Zeit noch vier verschiedene taktische Fahrzeuge vorhanden sind.

Einer der größten Unterschiede zum Jeep ist die Forderung nach einem Dieselmotor mit Automatikgetriebe. Der Humvee wird auch Notlaufreifen erhalten, die selbst bei totalem Luftverlust das Weiterfahren ermöglichen. Er muß binnen acht Sekunden von 0 auf 50 km/h (0–30 mph) beschleunigen und bei Marschgeschwindigkeit eine Reichweite von 480 km (300 Meilen) aufweisen. Die Firmen, die um den Vertrag wetteifern, sind informiert worden, daß die Einsatzbedingungen zu 40% aus Geländefahrten, zu 30% aus Straßen und zu weiteren 30% aus Feldwegen bestehen. Die Baugruppen sollen soweit wie möglich von bereits bestehenden militärischen oder zuverlässigen zivilen Bezugsquellen bezogen werden. Bei der Kostenkalkulation sollen auch die Unterhaltungskosten erfaßt werden, damit die US-Regierung aus Kaufpreis und Betriebskosten die Gesamtkosten für den ganzen Lebenszyklus der Fahrzeuge ermitteln kann.

Diese Neuentwicklung vollzieht sich in zwei Phasen, deren erste bereits angelaufen ist. Hier erwartet man, daß bis zu drei Firmen sich bemühen werden, jeweils elf Prototypen zur Erprobung und Bewertung zu liefern. Der Gewinner wird dann vermutlich einen Liefervertrag für mindestens fünf Jahre erhalten. Dies stellt die zweite Phase dar. Während der ersten Phase wird von amtlichen Stellen nur das notwendige Minimum an Überwachung betrieben, so daß sich die Auftragsnehmer in einem Klima des freien Wettbewerbs bewegen können.

Das ganze ist eine beachtliche Herausforderung für Amerikas Autoindustrie. Sie soll sich »angemessen bemühen«, – eine hübsche Untertreibung – nicht nur bei der Lieferung der elf Prototypen, sondern auch bei der notwendigen Dokumentation, bei der Ausbildung des Personals der Dienststellen, bei der Unterstützung des fünfmonatigen Testprogramms und in der Beistellung der Rüstsätze, die für den Mehrrolleneinsatz des Humvee erforderlich sind. Die Bewerber müssen den Vergleichstest noch dadurch ergänzen, daß sie etwaige Reparaturarbeiten durchführen und Ersatzteile, Sonderwerkzeuge und Werkstatthandbücher vorweisen müssen.

American Motors liegt dabei natürlich mit vorn, da seine Abteilung für Militärfahrzeuge als die größte der Welt gilt. Obgleich der Name »Jeep« jetzt zivil geworden ist, besitzt AM immer noch gewaltige Kapazitäten im Konstruktions- und Fertigungsbereich, mit denen sie einen Großteil des Wettbewerbes abschrecken können. Die Auswahl des Siegers wird jedoch in Phase zwei von einem in vier weitere Schritte unterteilten Verfahren abhängen. Dies bedeutet für AM, daß sie sich im Entwurfsstadium wirklich sehr anstrengen müssen.

Diese vier Bewertungsstufen werden den amtlichen Stellen verraten, mit welcher technischen Philosophie die Firma an das Projekt herangegangen ist. Sie erhellen die Tiefe ihres Verständnisses, die technische Qualität und Eignung des Fahrzeugs sowie eine aufgeschlüsselte Kostenrechnung. Die Regierung wird auch die Firmenstruktur untersuchen, deren Erfahrung auf diesem Gebiet ermitteln sowie deren Meßprotokolle prüfen.

Von den Problemen, vor die sich Autofirmen bei Aufgaben mit derart präzisen Auflagen gestellt sehen, geht eine gewisse Faszination aus. Bei dem vierstufigen Auswahlverfahren sind selbst begrenzte Diskussionen nach Abschluß der Anfangsbewertung verboten. Informationslücken werden zwar geschlossen werden müssen, jedoch werden die Konkurrenten nicht von Mängeln in ihrem Angebot informiert werden. Dies ist Teil der Beschneidung des Erfahrungsaustausches während der Stufe eins.

Die Vielzahl der Rollen, für die der Humvee das Basisfahrzeug darstellt, schafft wieder eigene Probleme, um mit demselben Grundfahrzeug alle Forderungen des Bodentransportes in den Nutzlastklassen von 0,25 bis 1,25 Tonnen abzudecken. Von den elf Prototypen, die von jedem Vertragsnehmer zu liefern sind, müssen sechs Waffenträger sein und fünf weitere als Nutzfahrzeuge ausgebildet werden. Zu den Waffenträgern wird ein Lenkraketensystem mit der dazugehörigen Waffenanlage und einer Grundpanzerung gehören. Ein weiterer Waffenträger muß noch als Rüstsatz eine Zusatzpanzerung erhalten. Weitere Ausrüstungssätze stellen eine Zusatzsitzgruppe für den Personentransport sowie ein Planenverdeck dar. Alle diese Sonderfahrzeuge müssen aber auch mit den Grundrüstsätzen des Humvee verwendbar sein. Alle müssen sich für den Einbau auf der Kompanie-Ebene durch den Wartungstrupp eignen. Dies muß mit einem Aufwand von vierundzwanzig Mannstunden auch beim Instandsetzungszug des Bataillons möglich sein.

Diese Rüstsätze sind in der Ausschreibung klar definiert. Die Winde kann bei den Einheiten nachgerüstet werden. Sie wird vorn sitzen und mit der untersten Seillage (direkt auf der Seiltrommel) eine Zugkraft von nicht weniger als 2720 kg (6000 lb) ausüben. Die Bruchlast muß mindestens 5440 kg (12 000 lb) betragen und ein Scherbolzen oder Überlastventil muß für 125% der Windennennleistung ausgelegt sein.

Der Rüstsatz »Arktis« muß von der Besatzung ohne Energieversorgung von außen betrieben werden können. Noch wichtiger ist, daß dieses Zubehör es ermöglichen wird, bei Temperaturen bis hinab zu $-46°$ C das Fahrzeug binnen 45 Minuten zu starten und in einer Stunde einsatzbereit zu sein. Nach dem Einschalten der Heizung muß das Wageninnere binnen einer Stunde behagliche Temperaturen oberhalb des Gefrierpunktes aufweisen. Jedes Fahrzeug muß zur Aufnahme dieses Rüstsatzes eingerichtet sein. Dieser muß seinerseits auch von Personen in Kälteschutzbekleidung bedient werden können.

Die Ausschreibung sehen vier Mann Besatzung und Sicherheitsgurte vor. Zwei Sitze müssen ausgebaut werden können, wenn sie nicht benötigt werden. Im Gegensatz zum Jeep wird beim Humvee die Besatzung wettergeschützt umschlossen sein. Für Transport und Einsatz von Boden-Luft-Lenkflugkörpern sowie ihrer Abschuß- und Lenkanlagen liegen Unmengen präziser Anweisungen vor. Dasselbe gilt für den Anbau eines ballistischen Schutzes und von Zusatzpanzerschutz. Dabei werden bei den Panzerungen Geschoßmasse und Geschoßgeschwindigkeit, mit denen Feindfeuer im rechten Winkel zur Platte auftrifft, vorgegeben. Dort wo es gefordert wird, muß auch der Kraftstofftank umpanzert werden. Von allen Ausrüstungsteilen werden die Gewichtsanteile aufgeschlüsselt: Von den Lenkflugkörpern über die Doppelferngläser und Nachtsichtgeräte bis hin zu der portionierten Einsatzverpflegung und sogar der Taschenlampe.

Die allen Versionen gemeinsame Grundausstattung wird gleichfalls minuziös aufgegliedert. Sie reicht vom Feuerlöscher – in Reichweite des Fahrers – bis zum notwendigen Werkzeug und einem Luftdruckprüfer für die Reifen. Dazu gehören auch ein Abschleppseil, Gleitschutzketten, eine Dreibeinlafette für einen Granatwerfer, Pionierwerkzeuge, die wie beim Jeep außen angebracht sind, Fremdstartkabel und Verbandkasten. Der Stauraum für die persönliche Ausrüstung der Besatzung ist auch gebührend berücksichtigt worden. Für jedes Einzelstück wird das Gewicht angegeben: Vom Schlafsack bis zur Bekleidung, bei der Handschuhe und Umhang nicht fehlen.

Besondere Sitzbänke können, falls verlangt, eingebaut werden. Sie ermöglichen den Transport von sechs bis acht Personen einschließlich deren persönlicher Ausrüstung. Auch diese müssen wieder weggeklappt werden können, um Platz für die Maximalzuladung zu schaffen. Auch muß der Humvee so verändert werden können, daß er eine Schutzkabine für elektronische Geräte oder einen Mörser aufnehmen kann. Die meisten Rüstsätze sind bereits als Standardgerät in das Heer eingeführt, so daß auf die entsprechenden (militärischen) Zeichnungen verwiesen wird.

Der Entwurf des Rüstsatzes »Krankenkraftwagen« ist wesentlich komplizierter. Die »Mini«- wie die »Maxi«-Version haben vieles gemeinsam, so z. B. die Panzerung, die Besatzung und Verwundete schützen soll. Es muß gewährleistet sein, daß die Heizung das Patientenabteil auf mindestens 20° C halten kann. Dies gilt für die Normalausführung wie die für kalte Klimazonen ausgelegte. Die Temperaturdifferenz zwischen dem Lufteinlaß bei dem unteren Patienten und dem Luftauslaß nahe der Decke darf 5,5° C nicht überschreiten. Die für die Arktisausführung erforderliche Zusatzheizung kann in den Rüstsatz eingegliedert werden. Der Geräuschpegel im Krankenabteil muß niedrig liegen und es muß gewährleistet sein, daß zwischen dem Fahrer und den Insassen der Patientenabteilung Blick- und Sprechverbindung bestehen.

Für jede der vier Krankentragen muß neben der allgemeinen indirekten noch eine direkte Beleuchtung vorgesehen werden. Unter Tarnlichtverhältnissen wird eine Beleuchtung von einer Kerzenstärke in 150 mm Höhe über jeder Trage gefordert. Für den Sanitäter – und auch für einen Sanitäter außerhalb des Fahrzeugs, wenn die Türen geöffnet sind, an der Fahrzeugrückseite – ist der Anschluß an eine Gleichstromversorgung vorgesehen. Der Schaltplan des Fahrzeugs ermöglicht, auch bei ausgeschalteter »Zündung« den Beleuchtungskreis zu betreiben. Das Rote-Kreuz-Symbol muß ohne Beschädigung der darunterliegenden Tarnfarbe leicht entfernt werden können, sobald der Humvee in anderer Funktion eingesetzt wird. Die Leistungsbeschreibung fährt fort, die gesamte medizinische und chirurgische Ausrüstung aufzulisten, die mitgeführt werden soll, bis hin zu den Halterungen für Sauerstoffflaschen.

Damit ist die Geschichte des Krankenkraftwagens noch nicht zu Ende. Die beiden oberen Tragen müssen verstaut werden, wenn Leichtverwundete die unteren Tragen als Sitze benutzen sollen. Viele weitere Gesichtspunkte sind zu berücksichtigen: Belüftung, Zugang vom Fahrerraum in das Patientenabteil und eine Fernbedienung für das Funkgerät aus dem rückwärtigen Abteil. Der »Maxi«-Sanka muß – möglichst als Rüstsatz – eine vollständige Klimatisierung erhalten. Außer der Regelung von Temperatur und Luftfeuchte muß auch die Zufuhr von Frischluft – falls Kühlung nicht erforderlich ist – gewährleistet sein. Der »Mini« muß die meisten Forderungen des »Maxi« erfüllen, aber da seine Höhe 580 mm niedriger sein soll, werden bei ihm die Probleme beim Entwurf nicht geringer. Hier ist auch ein geschlossenes Planenverdeck vorgesehen, unter dem zwei liegende und zwei sitzende Verwundete befördert werden können.

Der Rüstsatz »Bewaffnung« für die Humvee-Varianten wird das (360°) Rundumfeuer für drei verschiedene Maschinengewehrtypen sowie einen automatischen Maschinengranatwerfer enthalten. Schwierigkeiten kann der Rüstsatz für das Tiefwaten bereiten. Ausgestattet mit voller Zuladung muß das Fahrzeug fähig sein, auf festem Untergrund eine Wassertiefe von 1,50 m zu durchfurten. Bei einem 15-Minuten-Aufenthalt in dieser Wassertiefe muß der Motor eine Minute lang abgestellt werden. Nach dem Wiederstarten muß das Fahrzeug binnen einer weiteren Minute wieder fahrbereit sein. Den Rest der 15 Minuten wird der Motor im Leerlauf betrieben. Anschließend werden die Schmierstoffe abgelassen. Sie dürfen nicht mehr als 2% Wasser oder wasserbedingte Verunreinigungen enthalten. Nach der Wassererprobung muß das Fahrzeug normal funktionieren. Der für Wasserdurchfahrten verwendete Rüstsatz muß vom Fahrer angebaut werden können. Falls dazu Sonderwerkzeuge benötigt werden, muß der Lieferumfang des Rüstsatzes diese einschließen. Auch mit angebautem Rüstsatz muß das Fahrzeug normales Fahrverhalten aufweisen.

Auf dem Gebiet der Reifentechnik sind auch hinsichtlich der Notlaufeigenschaften große Fortschritte gemacht worden. Trotzdem sind die Forderungen des Humvee beängstigend. Ein Prototyp – 1,25 Tonnen Nutzlast wie gesagt – wird 48 km (30 Meilen) Straße mit fester Fahrbahndecke sicher mit 48 km/h (30 mph) zurücklegen müssen, wobei mindestens zwei, noch besser vier seiner Reifen ohne Luft sein werden. Bei der Erprobung des Kraftstofftanks wird unter dem Rad, das dem Tank am nächsten liegt, eine Sprengladung gezündet. Der Tank wird bei dieser Gelegenheit mit Wasser gefüllt sein.

Zum Zeitpunkt seiner Einführung wird der Humvee gründlich erprobt sein. Wer den Wettbewerb gewinnen wird, das weiß noch niemand, aber die Abteilung für Militärfahrzeuge von American Motors, denen der Markenname Jeep geschützt ist, scheint dabei die besten Karten zu haben.

6. Restaurieren

»Bei einem Jeep lohnt es sich immer, ihn zu reparieren«. Dies ist ein
Ausspruch von Mike Priscott aus Wallingford in Oxfordshire, der seit vierzehn
Jahren Jeeps restauriert. Der gleichen Meinung ist jemand, der 9600 km entfernt
in Bellingham im Staate Washington, USA, seit Jahren dasselbe tut. Sie haben
auch sonst vieles gemeinsam; Bezugsquellen, Begeisterung, Ersatzteile – oder
wenigstens die Fähigkeit, diese rasch zu beschaffen – und vor allem das Gewußt
wie.

Eine weitere Schatztruhe für Ersatzteile ist Metomat Ltd. in London. Diese
Firma kann auch Werkstatthandbücher für den MB liefern. Der Preis beträgt
zur Zeit etwa 25 DM, 5 englische Pfund einschließlich Porto, aber rufen Sie
vorher an. Diese und andere nützliche Anschriften, wo Hilfe und Ersatzteile zu
erhalten sind, befinden sich im Anhang 1.

Wenn man Ersatzteile braucht und plant, Paris zu besuchen, dann sollte man
eine Anschrift kennen, von der gesagt wird, dort wäre alles billiger als anderswo.
Es ist die GSAA (Garenne Surplus American Autos). Eine weitere lohnende
Adresse ist M. van de Velde in Belgien. Mike Priscott sagt: »Man kann alle Teile
entweder reparieren oder austauschen. Die meisten Kopfschmerzen bereitet die
Korrosion des Aufbaus. Manche Leute flicken sinnlos immer wieder die
Roststellen. Langfristig gesehen ist es leichter, den ganzen Jeep zu zerlegen.
Wenn der Aufbau auf den Kopf gestellt wird, kann man die Löcher entrosten
und neues Blech einschweißen. Wenn man neue Profilstreben für die Bodengruppe herstellt und einschweißt, wird die Festigkeit der Karosserie wesentlich
erhöht. Die Schweißnähte abschleifen, ein paarmal lackieren und der Jeep ist so
gut wie neu«.

Priscott unterhält ein gut sortiertes Ersatzteillager, so daß er rasche Durchführung der Reparaturen am Jeep garantieren kann. Er sagt, daß er seine Baugruppen ohne größere Schwierigkeiten bekommt. »In den USA, Frankreich und Belgien gibt es noch eine Menge Zeug. Ein paar Karosseriespengler stellen Blechteile auf Bestellung her. Die Verdecke und Sitzbezüge kann man bei drei oder vier spezialisierten Lieferfirmen erhalten und der richtige matte Lack ist jetzt leichter zu bekommen als früher«.

Er meint auch, daß einige Mängel typisch für alte Jeeps sind: Schwache Kupplungen, unwirksame Handbremsen und durchblasende Zylinderkopfdichtungen. »Aber wenn sie richtig gewartet und gefahren werden, dann halten Jeeps ewig!« Sein eigenes Transportmittel ist etwas moderner, ein CJ-6, den er aus einem Totalschaden wieder aufgebaut hat. Dazu brauchte er einen Zeitraum von zwölf Monaten, während dem er in seiner Werkstatt anderer Leute Autos reparierte. Seine abschließende Wertung: »Anstatt dieser heutigen Blechbüchsen würde ich viel lieber immer nur Jeeps reparieren. Es verschafft viel mehr Befriedigung«.

John Hendrick sieht es aus einem ganz ähnlichen Blickwinkel. Ein Unterschied ist, daß er zwar gern an allen Arten von Allradfahrzeugen arbeitet, daß

Mike Priscott handelt selbst nach seinem Ratschlag: Zuerst zerlegen. Hier hat er schon den Motor und den Rahmen überholt, bevor er die restaurierte Karosserie wieder aufsetzt.

In Bellingham, im Staate Washington, zeigt sich John Hendricks vor einigen seiner Zubehörteile. Hinter ihm in Hüfthöhe sind Überrollbügel zum persönlichen Schutz der Jeep-Insassen. Gegenwärtig arbeitet er an Allradfahrzeugen, wobei seine Kunden bis aus Deutschland kommen. Auch der Kult des »Jeeping« beschäftigt ihn mit Aufgaben, die ihm zur zweiten Natur geworden sind (Michael Clayton).

sein Herz aber nur den Jeeps gehört. In seiner Werkstatt führt er alle Arten von Jeep-Teilen. Darunter sind Verkleidungen für die hinteren Ecken des Aufbaus – eine Gegend, wo meist der Rost nistet. Als der Verfasser sich in der Werkstatt umsah, entdeckte er einen unglaublichen Allrad-Dodge, der dort für seinen deutschen Besitzer umgebaut wurde. Bei dem Fahrzeug war die Bodenfreiheit gewaltig erhöht worden, es hatte übergroße Felgen und Reifen erhalten und ein Funktelefon war eingebaut worden. Die Lackierung war so ausgezeichnet, daß Hendricks sich schließlich bereit erklären mußte, das Fahrzeug bei einem

110

offenen Wettbewerb für »Custom«- (-sondergefertigte) Fahrzeuge vorzustellen. Seine große Liebe aber bleibt der Jeep. Daher kann er seine Mechaniker mit einer Fülle von fachlichen Informationen für ihre jeweiligen Arbeiten unterstützen.

Ein weiterer Jeep-Liebhaber in England ist Michael Turner, besser bekannt durch seine künstlerische Tätigkeit auf dem Automobilsektor. Sein Jeep war ursprünglich bei der Fernmeldetruppe gewesen und ist noch mit dem kompletten zweifachen Funkgerätesatz, den damaligen Sendern und Empfängern ausgerüstet. Ein Funkgerät diente dabei der Nahverständigung innerhalb einer Gruppe Jeeps und das andere, mit großer Reichweite, für Meldungen von Beobachtungspunkten nach rückwärts.

Michael Turner weist darauf hin, daß bei der Arbeit des Restaurierens, wo hundertprozentige Originalität angestrebt wird, sich der Zwang, heutigen nationalen oder internationalen Vorschriften genügen zu müssen, als ein großes Hemmnis erweist. Für die Teilnahme am Straßenverkehr muß der Jeep hinten

Michael Turner am Lenkrad seines wunderschönen restaurierten MB Jeep, eines früheren Funkfahrzeugs. Die Lampe links vorn war für das Fahren mit Tarnbeleuchtung vorgesehen, beispielsweise beim nächtlichen Kolonnenmarsch (Ron Easton).

nicht nur Rückstrahler und -lichter, sondern auch Bremslichter und zusätzlich vorn und hinten noch Blinker aufweisen. Dann muß das Fahrzeug natürlich auch noch zivile Kennzeichen haben. Michael Turner löst dies dadurch, daß er rasch demontierbare Anbauteile verwendet; dies beispielsweise bei solchen Wettbewerben, wie sie in England von der »Military Vehicle Conservation Group« veranstaltet werden. Eines der möglichen Verfahren ist, die Blinklichter so an der Unterseite des Wagens zu befestigen, daß die Halterungen durch den Aufbau dem Blick verborgen gehalten werden, auch wenn die Blinker abgebaut sind.

Englische Jeep-Freunde sollten das Warnham War Museum besuchen, das bei Horsham in Sussex liegt. Dessen geistiger Vater Joe Lyndhurst ist selbst ein erfahrener Jeep-Restaurierer. Das Museum ist von bescheidenen Abmessungen (die Eintrittspreise übrigens auch) und auf das nette Restaurant im Hauptgebäude sei besonders hingewiesen. Von den meisten anderen Museen unterscheidet sich das von Warham dadurch, daß einmal im Monat dort Militaria verkauft werden und an einem weiteren Tage andere Sammelstücke. Diese Geschäfte werden dort formlos auf privater Basis abgewickelt; jeder kann sich für den Verkauf seiner Sachen anmelden und mögliche Kunden können entweder in Nostalgie schwelgen oder genau das Teil finden, nach dem sie schon lange suchen.

Joe Lyndhurst fing 1942 an, sich für Jeeps zu interessieren: »Damals sah ich zum ersten Mal einen Jeep, der zur kanadischen Armee gehörte und den ein junger Soldat unheimlich großspurig fuhr. Der war freiwillig 4800 km gekommen, um diesem Land zu helfen.«

Damals waren die Leute gewohnt, eingezogene Lieferwagen und Lastkraftwagen zu sehen, die ursprünglich für eine Verwendung in Zeiten des Friedens gebaut worden waren. Da war der Jeep, der für seine Aufgabe maßgeschneidert worden war, eine Sensation. Um 1960 waren jedoch Jeeps rar geworden und Joe Lyndhurst spürte seinen ersten in Surrey auf. Dieser hatte einer Mietwagenfirma gehört und war ohne jede Narbe von militärischen Einsätzen. Nachdem Lyndhurst ihn einen Sommer als Zweitwagen gefahren hatte, beschloß er, ihn feldverwendungsfähig zu restaurieren.

Heute ist das Restaurieren viel einfacher, aber es ist für einen künftigen Restaurierer von Interesse, etwas über die Probleme zu erfahren, mit denen seine Vorläufer konfrontiert waren. Lyndhurst brauchte den ganzen Winter, um einen Tarnscheinwerfer, die richtigen Hebegriffe für den Aufbau, die Aufnahmen für Axt und Schaufel und den richtigen Kanister aufzutreiben.

Bei Auto-Rallyes startete der Jeep in jenen Tagen nicht in einer eigenen Klasse, es gab nicht einmal eine Sonderklasse für Militärfahrzeuge. Lyndhurst mußte daher in der Klasse Nutzfahrzeuge antreten. Zu diesem Zeitpunkt hatten sich aber bereits andere Jeep-Liebhaber vereinigt, um in aufflammender Begeisterung das zu bewahren, was mit Sicherheit Amerikas bedeutendsten automobilistischen Beitrag für den Krieg darstellte. Weitere Jeeps wurden

Auch ein restaurierter Jeep muß den Gesetzen genügen, die erst nach der Geburt des Jeep erlassen wurden. Diese Fahrtrichtungsblinker beachten die goldene Regel des Restaurierens. Bei Wettbewerben können sie entfernt werden, ohne Spuren zu hinterlassen (Ron Easton).

gesucht und das Ergebnis war schließlich, daß die Geschichte des Jeeps einen weiteren Sieg verzeichnen konnte. Zum Abschluß der Saison 1967 hatte Lyndhurst drei Jeeps fertig restauriert. Sie wurden für die Rallye London – Brighton gemeldet, die im Mai 1968 für Nutzfahrzeuge abgehalten wurde und belegten bei den Militärfahrzeugen den ersten, zweiten und dritten Platz.

Die Siegespreise überreichte Lord Montagu of Beaulieu, dessen nationales Museum eine der weltbesten Sammlungen von Classic Cars beherbergt. Bei dieser Preisverleihung wurde beschlossen, daß die Jeeps eine Ehrengarde stellen sollten, wenn »Old Faithful« (der alte Getreue), der berühmte Befehlswagen des verstorbenen Feldmarschalls Montgomery im Museum in Beaulieu eintreffen würde. Der Jeep, so meint Joe Lyndhurst, ist jetzt wie das Modell T in die Reihe der Unsterblichen aufgenommen.

Alle drei Jeeps sind weithin bekannt geworden. Ihr Auftritt bei Wohlfahrtsveranstaltungen, Umzügen usw. war gefragt. Dies verschaffte der Restaurierungsarbeit neue Helfer, von denen einige allerdings eher an der allgemeinen Geschichte von Militärfahrzeugen interessiert waren. Alle waren aber bereit, ihre Zeit zu opfern. Das Ergebnis dieser Begeisterung war ein immer höheres Niveau der Restaurierung, die sich durchaus mit den besten der handelsüblichen Fahrzeuge messen konnte und die dann zu Rallyes führte, die ausschließlich Militärfahrzeugen vorbehalten waren und bei denen der Jeep der populärste Teilnehmer war.

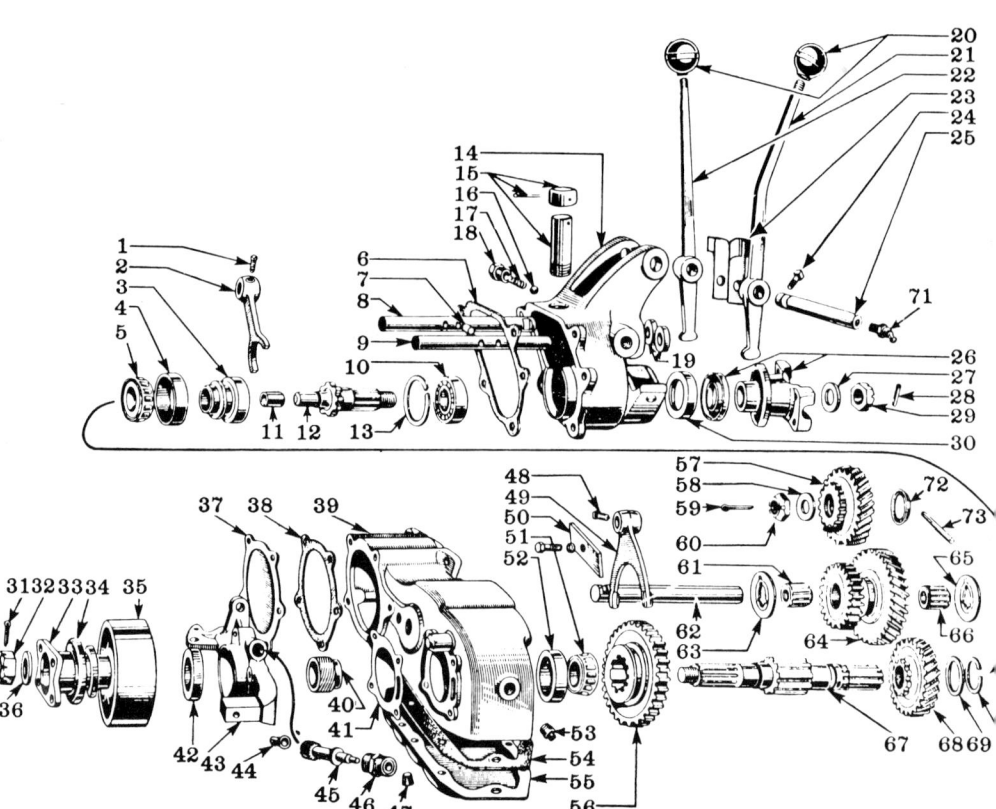

So sehen die Abbildungen im Werkstatthandbuch für den MB aus. Diese zeigt das kombinierte Verteilergetriebe, das eine niedrige und eine hohe Übersetzung bietet und den Vorderradantrieb zuschaltet.

114

Joe Lyndhurst erklärt, daß es in den siebziger Jahren erheblich schwieriger war als heute, Ersatzteile und fehlende Stücke und Teile zu bekommen. Oft dauerte die Suche nach einem Teil viel länger als dann der Einbau. Jedoch wuchs das Interesse derart an, daß man die Notwendigkeit für ein Militärfahrzeug-Museum erkannte. Das Ergebnis war dann das Warnham War Museum, das 1976 zu Ostern seine Pforten öffnete.

Das Bild zeigt einen Jeep, der aussieht, als ob er in einem Bombenteppich gestanden hätte. Dieses Fahrzeug hat Lyndhurst auf einem Campingplatz bei Bognor Regis entdeckt. Es mag wie ein Totalschaden aussehen, aber Joe sagt, schon der Halter hinten für das Reserverad war allein den Jeep wert. Darüberhinaus hat das Wrack noch die Handgriffe geliefert, die zum Anheben des Jeeps dienten (links am Fahrzeug kann man einen sehen, der nach oben statt zur Seite

Diesen Wagen hat Joe Lyndhurst nicht etwa auf einem Schlachtfeld gefunden, sondern auf einem Campingplatz an Englands Südküste. Eine erstaunlich hohe Zahl von brauchbaren Teilen konnte gewonnen werden, wie im Text beschrieben (T. J. Gander).

In diesem Jeep von Michael Turner sieht man ein Teil, das nicht zum Ausrüstungsumfang gehört: Den Blinkerschalter links unter dem Armaturenbrett. Er wird vom Gesetzgeber vorgeschrieben, ist aber so befestigt, daß er für Schauwettbewerbe abgenommen werden kann. Derartige Wettbewerbe veranstaltet unter anderem die **Military Vehicle Conservation Group** (Ron Easton).

zeigt), die Gurtbänder, die den Reservekanister hielten, die Buchsen zur Aufnahme der »Zeltstangen« (das »Zelt« ist das Stoffdach über den Insassen) und noch eine große Anzahl anderer Teile.

Ein wichtiger Grund, weshalb der Jeep der Kriegsjahre bei Restaurierern so beliebt wurde, ist, daß er klein und billig und leicht zu restaurieren ist. Letzteres gilt auch, obwohl man die Hilfe eines guten Karosseriespenglers benötigt und für die häufigsten Schäden Spezialisten braucht, z. B. für einen Riß im Motorblock unter dem Verteiler, für den unter dem Fahrersitz gelegenen Kraftstofftank und dessen rostige Unterseite sowie für die verrotteten kleinen Trittbretter, in die

Holz eingelegt war. Letzteres ist infolge Feuchtigkeit unvermeidlich verfault und hat die Metallteile rosten lassen, oft jenseits aller Reparaturmöglichkeiten.

Als alle brauchbaren Teile des Jeep-Wracks bei der Restaurierung des Jeeps verwendet worden waren, an dem Joe Lyndhurst arbeitete, blieb immer noch

An diesem restaurierten MB ist alles im Originalzustand. Einzige Ausnahmen sind das zivile Kennzeichen, das bei Wettbewerben abgenommen wird und der Blinker links unten, der so angebracht ist, daß er entfernt werden kann, wenn das Fahrzeug bei Ausstellungen gezeigt wird (Ron Easton).

das Problem, eine Aufnahme für die Axt zu finden, eine der Halterungen für Pioniergerät, die an der Seite des Jeeps angebracht gewesen war. Leute, die aus Liebhaberei Jeeps aufarbeiten, halten schon gewohnheitsmäßig Ausschau nach allem möglichen Zubehör, entweder für den eigenen Gebrauch oder um es für den künftigen Bedarf ihrer Vereinskameraden zur Seite zu legen. Dies gilt auch für die Military Vehicle Conservation Group.

Heute, da das aus den Anfängen der Restaurierungsarbeiten hervorgegangene Warnham War Museum besteht, kann man sagen, daß verglichen mit den Pionieren von damals der Restaurierer es leicht hat und billig dazu. Das rührt hauptsächlich daher, daß Ersatzteile leicht zu bekommen sind und daß es aus der Kriegszeit genügend Jeeps – meistens die gesuchten MB – gibt. Der Dank hierfür gebührt den Jeep-Liebhabern, den Händlern oder den vielen Farmern, bei denen der Land-Rover mit seinem größeren Komfort an die Stelle der alten Jeeps getreten ist, die dadurch überflüssig wurden. »Liebhaber-Händler« ist eine treffende Bezeichnung, denn weiter unten wird in diesem Kapitel über das Restaurieren klar: Niemand befaßt sich mit einer so zeitraubenden Tätigkeit wie dem Kaufen, Verkaufen und Restaurieren des eigenen Jeeps oder dem eines Kunden, wenn er nicht vom Jeep-Bazillus befallen ist!

Obwohl man ohne einige Hilfe von Spezialisten also nicht auskommt, ist doch nach Joe Lyndhursts Meinung für den angehenden Restaurierer am Jeep eine Sache von besonderem Reiz: Nur ganze 6 Schrauben halten den einfachen Aufbau am Fahrgestell fest. Zwei davon sitzen vorn, zwei hinten und zwei nahe der Mitte. Die vorderen Kotflügel sind angeschraubt, die Bolzen haben SAE-Feingewinde – einige auch Grobgewinde – und man benötigt nur wenige Schlüsselgrößen. Mit einem Satz Steckschlüssel der Größen von $\frac{7}{16}$ Zoll bis $\frac{3}{4}$ Zoll wird man fast alles machen können. Die Experten benutzen dazu auch noch gelegentlich einen »heißen Schlüssel« (die Flamme eines Gasschweißgerätes), um verrostete Verbindungen zu lösen. Der Amateur wird stattdessen besser Unmengen von Rostlösemitteln und Geduld einsetzen, wenn er wirklich hartnäckigen Verschraubungen zu Leibe rückt.

Alle Fachleute, die Jeeps restaurieren, sagen einstimmig, daß man das Fahrzeug am besten vollständig zerlegt, einschließlich des Motors. Wird man so langsam selbst zum Experten im Restaurieren, stellt man einige merkwürdige Dinge daran fest. Beispielsweise sind viele Jeeps irgendwann im Ausland mit Teilen repariert worden, die nicht Original-Jeep-Teile waren. Das liegt daran, daß der Jeep eines der universellsten Fahrzeuge ist, die je gebaut wurden (der Gerechtigkeit halber muß gesagt werden, daß dies auch für den VW gilt). Daher sind, wo man auch hinkommt, praktisch überall passende Ersatzteile zu bekommen. Joe Lyndhurst hat beispielsweise herausgefunden, daß die vorderen Lager des Jaguar E die gleichen sind wie die des Jeep. Ein gut ausgerüsteter Kfz-Betrieb kann fast alle Teile der Mechanik liefern. Ausgenommen sind Karosserieteile, aber Leute wie John Hendricks können auch diese zum großen Teil selbst anfertigen.

Der Zusatz »S« auf Michael Turners restauriertem Jeep steht für »Signals« (Fern-melder). Die weiße Scheibe vorn wurde angebracht, um die Gewichtsklasse des Fahrzeugs für Brücken zu kennzeichnen. Aber wer hat schon einmal gehört, daß ein Jeep für irgendeine Brücke zu schwer gewesen sei? Kein Wunder, daß das Schild leer ist.

Der gewaltige Ausstoß der Hersteller in den USA wäre niemals zu erreichen gewesen, hätte man nicht die Einzelteile des Jeeps standardisiert und diese einheitlichen Originalteile gleich an die Montagebänder geliefert. Daneben war der Jeep so ausgelegt, daß er möglichst viele Baugruppen mit anderen US-Militärfahrzeugen gemeinsam hatte. Dadurch war es selbst noch auf dem Gefechtsfeld möglich, durch Ausschlachten eines Fahrzeugs andere wieder einsatzbereit zu machen.

Chronisten der Automobilgeschichte und erfahrene Restaurierer ziehen gern Vergleiche zwischen dem Jeep und dem alten Ford Traktor (der in England 1917 in Liverpool gebaut wurde, bevor die Fabrik in Dagenham eröffnet wurde). Mit nur zwei Schraubenschlüsseln konnte der Motor dieses Schleppers zum Entfernen der Ölkohle zerlegt werden. Aus heutiger Sicht gehört natürlich seit den fünfziger Jahren dieses Entkohlen der Vergangenheit an, dafür haben rückstandfreie Kraftstoffe und reinigende Ölzusätze gesorgt. Ein Jeep der Kriegsjahre aber braucht die volle Behandlung, Ausschleifen der Zylinder eingeschlossen. Da Zerlegen und Aufarbeiten wenig Mühe macht, glaubt Joe Lyndhurst, daß ein Stapel von drei alten Militärjeeps bald genug brauchbare Teile und Stücke liefern wird, um daraus einen »neuen« zu bauen.

Diesen Schatz hat Kenneth Hart 1975 gefunden: Ein echter Bantam vom Mai 1941, der jetzt als Ausstellungsstück Preise einheimst.

Sein Erfolgsrezept für das Restaurieren sieht so aus: Völliges Zerlegen, Sandstrahlen und dann die Hilfe eines guten Mechanikers. Ein großes Problem stellen bei den US-Jeeps die geteilten Felgen dar, in die Wasser eindringt und Rost verursacht. In diesem Falle ist die Antwort wieder Zerlegen und Sandstrahlen. Jetzt wird aber auch per Flammspritzen Metall aufgetragen, um die Oberflächen wieder herzustellen. Es ist heute nicht schwierig, den richtigen, matten Olivlack aufzutreiben, um den Originalanstrich nachzuvollziehen. Lyndhurst findet, daß ein Eierschalen-Asbest-Finish aus zwei Gründen die beste Lösung darstellt; wegen des Aussehens und wegen der Dauerhaftigkeit. Dazu kommt, daß der Eierschalenlack nicht glänzt. Er bezieht seine Lacke von Hughes & Bell in Manchester.

Das bereits erwähnte totale Zerlegen gilt besonders für den Motor, der ausgeschliffen werden muß und neue Kolben wie auch gegebenenfalls neue Ventile erhält. Beim Getriebe kann es schwieriger werden, die Schäden abzustellen. Gewöhnlich sind der zweite Gang und das hintere Lager der Hauptwelle die Übeltäter. Das Problem dabei ist, daß gewöhnlich nicht das Lager selbst, sondern der Lagersitz im Getriebegehäuse beschädigt ist. Es ist daher billiger, sich nach einem Getriebegehäuse mit intaktem Lagersitz umzusehen. Derartige Schäden werden durch mangelhafte Wartung (Schmierung) verursacht. Wenn sie einmal beseitigt sind und der Jeep überholt ist, dann wird er mit richtiger Pflege über Jahre hinweg ohne Beanstandungen laufen.

Die Ersatzteile sind billiger als für den Land-Rover und in der Unterhaltung ist ein Ex-Militär-Jeep auch günstiger. Sollte beispielsweise das Zerlegen des Motors erkennen lassen, daß die Benzinpumpe defekt ist, kann man preiswert einen Reparatursatz erwerben, der alles Notwendige wie Stößel, Membran, Nadelventile usw. enthält.

Die »Royal Electrical and Mechanical Engineers« (REME, die technische Truppe des englischen Heeres) zeigten in den fünfziger Jahren anläßlich des »Royal Tournament« (Turnier) im Ausstellungszentrum des Earl Court in London ein Beispiel, wie leicht ein Jeep zusammengebaut werden kann. Die Jeeps waren völlig zerlegt. Das ist normal, wenn ein Fahrzeug auf den Fließbändern eines anderen Landes montiert werden soll. Die Fahrzeuge kamen als in Kisten verpackte Einzelteile an und am Ende der Vorführung mußten diese Kisten als Anhänger weggeschleppt werden. Die vier Mannschaften bestanden jeweils aus sechs Mann. Der Wettbewerb lief folgendermaßen ab: Ein Kistendeckel wurde zur Arbeitsbühne (5 Sekunden). Die Kisten wurden geöffnet und als erstes Fahrzeugrahmen und die Räder entnommen (10 Sekunden). Vier Mann trugen das Triebwerk, während ein fünfter den Rahmen zu dessen Aufnahme schräg anhob (34 Sekunden). Als nächstes kamen die Achsbaugruppen dran, während der Motor festgeschraubt wurde (55 Sekunden). Die Achsen wurden angehoben und die Räder angeschraubt (1 Minute 4 Sekunden). Die Achsen wurden komplettiert und die Bremsleitungen an den Hinterrädern befestigt (1 Minute 10 Sekunden). Sechs Mann hoben die Karosserie auf das

Fahrgestell (2 Minuten 25 Sekunden). Die elektrische Anlage und das Kühlsystem wurden angeschlossen, wobei der Ölfilter als Kraftstofftank diente (2 Minuten 37 Sekunden). Die Kisten, die mit Rädern versehen waren, wurden wieder zusammengesetzt und der Jeep gestartet (3 Minuten 15 Sekunden) und nach einer Gesamtzeit von 3 Minuten und 31 Sekunden rollte der Jeep-Zug der siegreichen Mannschaft davon!

Allerdings hatten die Mannschaften von REME vorher leicht gemogelt; nicht nur mit der Verwendung des Ölfilters als Behelfsbenzintank, um die Arena verlassen zu können. Obgleich das in gewissem Maße schon während des Wettbewerbes bekannt war, machte Joe Lyndhurst doch noch einige schmerzliche Erfahrungen, als er – in der Hoffnung, zu einem Spitzenfahrzeug zu kommen – einen dieser besonders hergerichteten Jeeps erwarb. Vom Aufbau abgesehen war es unmöglich, einen richtigen Jeep aus ihm zu machen, dafür sorgten die Formänderungen der REME-Werkstätten. Anstatt anständiger Schraubverbindungen mit Schrauben und Muttern wurden zahlreiche Steckverbindungen eingebaut. Die meisten Teile wurden nur auf- oder eingesetzt. Trotz der Änderungen war es klar, daß der Jeep für diesen Wettbewerb aus ähnlichen Gründen ausgewählt worden war, die ihn auch für die Restaurierung interessant machen. Der Jeep ist klein, billig und leicht zu überholen und wieder zusammenzubauen.

Kenneth Hart aus Wadhurst in Sussex ist ein Jeep-Liebhaber, der mit siebzehn Jahren 1964 seinen ersten Jeep kaufte. Jetzt stehen bei ihm im Durchschnitt acht grundüberholte Jeeps zum Verkauf. Er restauriert Jeeps von Grund auf und liefert oder besorgt alle Ersatzteile sowie Zubehör, das nicht zum ursprünglichen Lieferumfang gehört. Er hat das Restaurieren von Willys MB und Ford GPW sowie die Ausführung aller in Frage kommenden Arbeiten an diesen Fahrzeugen zu seinem Hauptberuf gemacht. Sein Werdegang ist typisch; wie viele andere Jeep-Freunde in vielen anderen Ländern hat er diese Arbeit auch aus Hobby begonnen und obwohl seine Reparaturanweisungen – wie wir noch sehen werden – sehr ins Einzelne gehen, zeigen doch seine früheren Abenteuer deutlich, wie gut heute ein Anfänger dasteht, der Anfang der sechziger Jahre begann, sich mit Jeeps zu befassen. Hart besitzt auch eine ganz klare Vorstellung, was man heutzutage für einen Jeep bezahlen sollte.

Sein Interesse am Jeep begann bereits 1962, als er noch zu jung war, um einen Führerschein zu bekommen. Er verbrachte die Wochenenden damit, die Fahrzeuge aufzuspüren; meist auf Bauernhöfen, wo sie ihre Laufbahn beendeten. Aus den USA besorgte er sich das Buch von A. W. Wade »Hail to the Jeep« (»Jeep Heil!«). Sonst gab es aber kaum Unterlagen und einen Verein für Militärfahrzeuge fand er auch nicht. Was er aber entdeckte, waren fünfzig Jeeps, von denen er die meisten nach und nach kaufte. Dann fand er eine lohnende Samstags-Beschäftigung: die Jeeps zerlegen und die Achsen nach den Philippinen verfrachten (zweifellos für Jeepneys). Bald begannen die Rallyes mit Militärfahrzeugen und von diesem Zeitpunkt an stand er mit Jeep-Liebhabern in der ganzen Welt in Verbindung. Der Besitzer eines Ford Jeep im Nordosten Englands brachte ihn auf die Fährte zu seinem Ziel: Einen Original Bantam Jeep.

Kenneth Hart bereiste die ganzen USA, den einstigen Bantam-Geburtsort in Butler, Pennsylvanien, sowie die American Motors-Werke in Toledo, Ohio eingeschlossen, ohne allzuviel herauszufinden. Schon vorher hatte er in Brighton die restaurierten zivilen Fahrzeuge gesehen, bei denen die drei von Joe Lyndhurst perfekt neu aufgebauten Jeeps gewesen waren. Hart behauptet, daß in England Joe Lyndhurst die Maßstäbe für Restaurierer gesetzt hat, die dann zum Warnham War Museum führten. Natürlich gibt es Rückschläge, wenn man – und noch dazu als Einzelner – mit dem Restaurieren anfängt. Einige der Probleme erweisen sich als kostspielig, andere – zumindestens im Nachhinein – als komisch. Hart kann viele Geschichten erzählen, die beste aber – von der man nur hoffen kann, daß sie andere Sucher nicht abschrecken wird – handelt davon, wie er jemandem in Schottland einen Jeep abkaufte. Er übersandte einen Scheck für etwas, das als »netter kleiner Jeep« beschrieben wurde und erhielt darauf die Anschrift zum Abholen. Der Ort lag in Nordwales, wohin er mit einem Lastwagen fuhr. Endlich erblickte er in der Ferne sein Ziel: Eine unbewohnte Hütte oben auf einem Berggipfel, den kein Lkw bezwingen konnte. Er erklomm einen Gebirgspfad, der nur ein Viertel eines Jeep breit war und fand schließlich einen Blechschuppen auf Rädern.

Der Jeep war in dem Schuppen drin. Anfangs überlegte Hart noch, wie er wohl dort hingekommen wäre, doch dann beschäftigte ihn viel mehr, wie er das Fahrzeug den Berg hinunterschaffen könne, da es nicht nur in einem erbärmlichen Zustand war, sondern nicht einmal Bremsen besaß. Er glaubt, daß es ihn ein Jahr seines Lebens gekostet hat, den Wagen hinunterzubringen, oft auf nur zwei Rädern. Zweimal war er dicht daran, die ganze Sache aufzugeben. Aber eben dieser Jeep errang dann später viele Auszeichnungen.

Kenneth Hart ist durchaus berufen, den Ablauf der Restaurierung zu beschreiben. Von größtem Interesse ist vielleicht seine Einstellung zu den Preisen. Im Herbst 1981 lag der Preis eines restaurierten Jeep seiner Schätzung nach bei 2700 Pfund (ca. 12 000 DM). Dies machte in einer Zeit schwankenden Wechselkurses etwa das Doppelte an US-Dollars aus. Er hat die Jeeps an Sammler zwischen 17 und 70 Jahren verkauft und glaubt, die Anziehungskraft rühre mit daher, daß so ein kleines Fahrzeug leicht zu überholen und zu unterhalten sei und daß es heute keine Ersatzteilprobleme damit gibt. Hinsichtlich Ersatzteilen und selbst ganzer Jeeps aus Frankreich warnt er, daß viele nur Nachbauten der Firma Hotchkiss sind. Obwohl billiger, sind sie doch nur Ersatz für den echten Veteran und ihr Geld nicht wert.

Mit seiner Preisvorstellung für das echte Objekt als Ausgangsbasis weist er darauf hin, daß sich der Kaufpreis für einen überholungsbedürftigen Jeep an der Höhe von 2700 Pfund orientieren müsse. Das heißt, wenn die Restaurierung 2500 Pfund beträgt, soll der Kaufpreis etwa 200 Pfund betragen oder, wenn man für 1000 Pfund kauft, dann sollte man 1700 Pfund für die Restaurierung einplanen.

Jahrelang war es sein Traum, einen Original Bantam BRC 40 zu erwerben, da davon nur 120 Stück zwischen 1941 und 1942 zu den britischen Streitkräften gelangten. Es wäre ein Wunder gewesen, wenn davon einer die U-Boote, drei Kriegsjahre und dreißig Jahre Mißhandlungen in zivilen Händen überlebt haben sollte. Vor ein paar Jahren kam seine Chance. Clifford Lake, der auch ein Jeep-Liebhaber ist, gab ihm einen Tip und nach 2000 Kilometern Schneewehen, Pannen und weiteren schlechten Vorzeichen fand er sich als Eigentümer von dem, was er (und der Verfasser) für den wahrscheinlich interessantesten 4 × 4 im ganzen Vereinigten Königreich halten. Die Abbildung des Bantam zum Zeitpunkt seiner Entdeckung verrät, wie sehr Hart in der Arbeit des Jeep-Restaurierens aufgeht.

Da Kenneth Hart mittlerweile derart viele Erfahrungen im Überholen von Jeeps gewonnen hat, ist es nicht weiter verwunderlich, daß seine detaillierten Hinweise, wie man vorgehen sollte, sich von den Verfahrensweisen von Joe Lyndhurst und anderen kaum unterscheiden. Der tatendurstige Amateurschlosser sollte dabei zwei wichtige Faktoren beachten. Einer davon betrifft die Kosten, die bereits Hart erwähnt hat und der andere bezieht sich auf die Verfügbarkeit geschickter Helfer. Da der Jeep ein kleines Auto ist, bereitet es keine großen Probleme, den Aufbau in eine gute Karosseriewerkstatt zu schaffen oder seinen Innereien Aufmerksamkeiten wie das Ausschleifen der Zylinder, gefolgt von neuen Kolben, angedeihen zu lassen.

Im Rahmen dieses Buches ist es nur ungefähr möglich, aufzuzählen, was zum Umfang einer vollständigen Überholung gehört. Dabei muß es dem Leser überlassen bleiben, wie er die Arbeit angeht, wobei seine Entscheidung von seinem Können als Autoschlosser abhängen wird, sowie davon, wieviel Geld er anlegen will.

Die Arbeitsfolge des Restaurierens beginnt bei Kenneth Hart damit, daß der Jeep auf Unterstellböcke gehoben wird und die Räder abgebaut werden. Nach dem Lösen der sechs Befestigungsschrauben wird die Aufbauschale abgehoben; dann Kotflügel, Windschutzscheibe, Sitze und Motorhaube. Manchmal braucht man einen Schneidbrenner. Dann wird alles mit einem Dampfstrahlgerät gereinigt. In diesem Stadium muß man sich entscheiden, ob man die Stehbolzen wieder verwenden will; denn diese könnten abgesägt werden, müssen jedoch beibehalten werden, wenn die Arbeit originalgetreu werden soll. Beim Willys MB tragen alle $5/16$-Zoll-Stehbolzen die Kennzeichnung AA oder EC auf dem Kopf, während bei den GPW von Ford ein F im traditionsreichen Ford-Schriftzug erscheint. Hart sagt, daß die Ford-Leute sehr stolz auf ihre Kopie der Willys-Kopie des Bantam waren.

Anschließend sollte man die Karosserie auf eine Schweißvorrichtung spannen und instandsetzen. Meist müssen die vorderen Bodenbleche und der Schacht für den Treibstofftank sowie beide Trittstufen erneuert werden, dazu noch die

124

Profilstreben in der Bodengruppe, da darin versteifende Holzteile waren, die Feuchtigkeit speicherten und damit Rostnester bildeten.

Bei dieser Gelegenheit sollte man sich auch um die Böden der hinteren Staukästen sowie die Vertiefungen für Axt und Spaten auf der Fahrerseite kümmern; sie werden es brauchen. Alle Schweißnähte werden verschliffen und falls sich das Blech durch die Erhitzung verworfen hat, wird es gerichtet. Ähnlich muß man die Kotflügel, den Kühlergrill und die Motorhaube herrichten (bei letzterer sind oft die Scharniere schadhaft), sowie die Beschläge der Windschutzscheibe, die recht schwierig geformte Teile darstellen.

Man braucht seine Zeit, wenn man die »Combat«-(Kampf)Räder zerlegen und dazu die Reifen von den geteilten Felgen abziehen will. In den vielen Jahren des Herumstehens sind Reifen aus den Kriegsjahren gelegentlich an den Felgenhörnern »festgewachsen«. Es ist keine schlechte Idee, nach dem Zerlegen der Combat-Räder die Notlaufringe wegzuwerfen. Es macht einfach viel zu viel Mühe, sie wieder einzupassen und außerdem werden sie wohl kaum benötigt, wenn man die Räder mit guten Reifen bestückt und unter Friedensbedingungen verwendet.

Der Motor sollte samt Vergaser und elektrischer Anlage ausgebaut werden, desgleichen das Getriebe und der Kühler. Fast alles andere sollte man sandstrahlen und sorgfältig grundieren. Dann ist es an der Zeit, den Motor zu überholen. Wie bereits erwähnt, kann infolge eines Frostschadens der Motorblock unter dem Verteiler einen Riß aufweisen, der sich bis zur Bohrung für die Verteilerwelle hinziehen kann. Diese Reparatur erfordert einen Spezialisten, der (Ende 1981 in England) etwa 35 Pfund (ca. DM 150,–) dafür berechnete. Ein gut überholter Jeep-Motor läuft leise und weich, es wäre daher ein Jammer, jetzt am falschen Ende zu sparen und Ausschleifen und neue Kolben zu unterlassen. Auch lohnt es sich, Vergaser, Anlasser und die anderen Nebenaggregate zu überholen.

Wenn die Teile vom Sandstrahlen zurückkommen, sollten die Blechteile der Karosserie bis zum olivgrünen Decklack fertiggemacht, auf Böcke gestellt und gegen den Staub abgedeckt werden.

Dann wird – falls notwendig – der Rahmen überholt und wieder komplettiert. Dabei sollten auch Lenkung und Bremsen überholt werden. Die Fahrzeugfedern sollten zerlegt und nachgesprengt werden, bis sie wieder die Werte aufweisen, die im MB-Handbuch festgelegt sind (Sache eines Spezialisten). Man kann ruhig die Federn auf der Fahrerseite 13 mm (0,5 Zoll) stärker sprengen; denn auf dieser Seite ruht mehr Gewicht und außerdem sitzt dort natürlich der Fahrer. Nach dieser Änderung liegt der Jeep gut. Beim Zusammenbau der Kraftübertragung kann man gleich die Verschleißteile der Kreuzgelenke erneuern (in England von Hardy Spicer) und die Gelenkwellen überprüfen.

Als nächstes wird – falls noch nicht geschehen – die Karosserie zusammengebaut, auf den Rahmen gesetzt und festgeschraubt. Dann sollte die Lenkung überprüft werden (siehe wieder die Technischen Daten). Jetzt sind Sie schon fast fertig, aber vorher müssen noch die Kabelbäume komplettiert und sauber eingebaut werden. Es ist mühsam, Kabelbäume anzufertigen, besser arbeitet man die brauchbaren Teile aus Schrott-Jeeps auf.

Außer den in diesem Buch aufgeführten Ersatzteil-Quellen gibt es in Großbritannien noch »Exchange and Mart«. Mittlerweile sind Sie schon so weit mit der Materie vertraut, daß Sie bestimmt weitere Jeep-Fans kennen und wahrscheinlich auch eine Menge freiwilliger Helfer haben.

Der Preis eines neuen, kleinen, viersitzigen Autos ist – je nach Land und Steuersatz – recht unterschiedlich. In England jedenfalls kostet ein neuer Mini mehr als die 2700 Pfund (DM 12 000), die vorhin als Richtpreis für einen guten gebrauchten Jeep angegeben wurden. Darüber hinaus sollte ein Jeep aus den Kriegsjahren, der mit der gleichen Sorgfalt und dem beim Restaurieren erworbenen Wissen gewartet wird, einfach ewig laufen. Dazu kommt noch der Riesenspaß bei Shows und Rallyes mit der ganzen Geselligkeit dabei und die häufigen Einladungen, bei Wohltätigkeits-Veranstaltungen aufzutreten.

Der Fernmelde-Jeep des Automobil-Künstlers Michael Turner ist bereits erwähnt worden. Kenneth Hart weist hierzu darauf hin, daß es für den Standard-Jeep noch viel Originalzubehör zu kaufen gibt: Neben Funkgeräten eine Halterung für den Selbstlade-Karabiner (die Turner auch hat), Winde, Kompressor, Abschleppgabel, Anhänger, Zapfwelle, Hardtop, Windschutzscheibenhülle und – ganz in der Tradition von Popskys Privatarmee – sogar ein 12,7-mm-Maschinengewehr samt Munition. Einige von diesen schönen Sachen erhöhen aber erheblich das Gesamtgewicht und verschlechtern entsprechend das Leistungsgewicht. Das Browning-MG macht wahrscheinlich auch mehr Ärger, bis man die Genehmigung dafür hat, als sein Besitz nachher Freude bereitet.

Es ist schon verständlich, daß man sich für das Restaurieren von Jeeps begeistern kann. Aber es gibt auch noch einen anderen Gesichtspunkt: Nachdem der Militär-Jeep mit dem Nahen des Humvee am Ende seines Weges angelangt ist, werden gut restaurierte Stücke sicher nie an Wert verlieren. Zum siegreichen Ende des zweiten Weltkrieges haben auch berühmte Transportmittel einen unschätzbaren Beitrag geleistet. Hierzu zählten die Liberty-(Freiheits-)Schiffe, die Kaiser baute (der später die Firma Willys übernahm), die allgegenwärtigen Dakota-Transportflugzeuge und die unsterblichen Hurricane und Spitfire. Als einziges Landfahrzeug kam ihnen an Ruhm der Jeep gleich.

Anhang

Wo man Hilfe und Ersatzteile findet:

GSAA (Garenne Surplus American Autos), 99 Rue de l'Aigle, 92250 La Garenne, Colombes, Paris, Frankreich.

Hart, Kenneth J., Cottenden Road, Stonegate, Wadhurst, East Sussex TB5 7DX, England.

Hendricks, John, North-West Off-Road Specialties, 1990 Iowa Street, Bellingham, Washington 98225, USA.

Metomat Ltd., Daleham Mews, London NW3 (Tel: 01-435 82 31) England.

Military Vehicle Conservation Group, 10 Thames Mead, Crowmarsh, Oxfordshire, England.

Priscott, Michael, Goldfinch Lane, Wallingford, Oxfordshire (Tel: 0491-65 14 81) England.

Van de Velde, M., Allée le Cavalier 2, 1474 Ways, près de Waterloo, Belgien.

Warnham War Museum, Nr. Horsham, West Sussex (Tel.: 0403-6 56 07) England.

In der Bundesrepublik finden sich Bezugsquellen durch einen Blick in den Anzeigenteil der Auto-Zeitschriften »auto, motor und Sport«, »mot« oder »Offroad«.

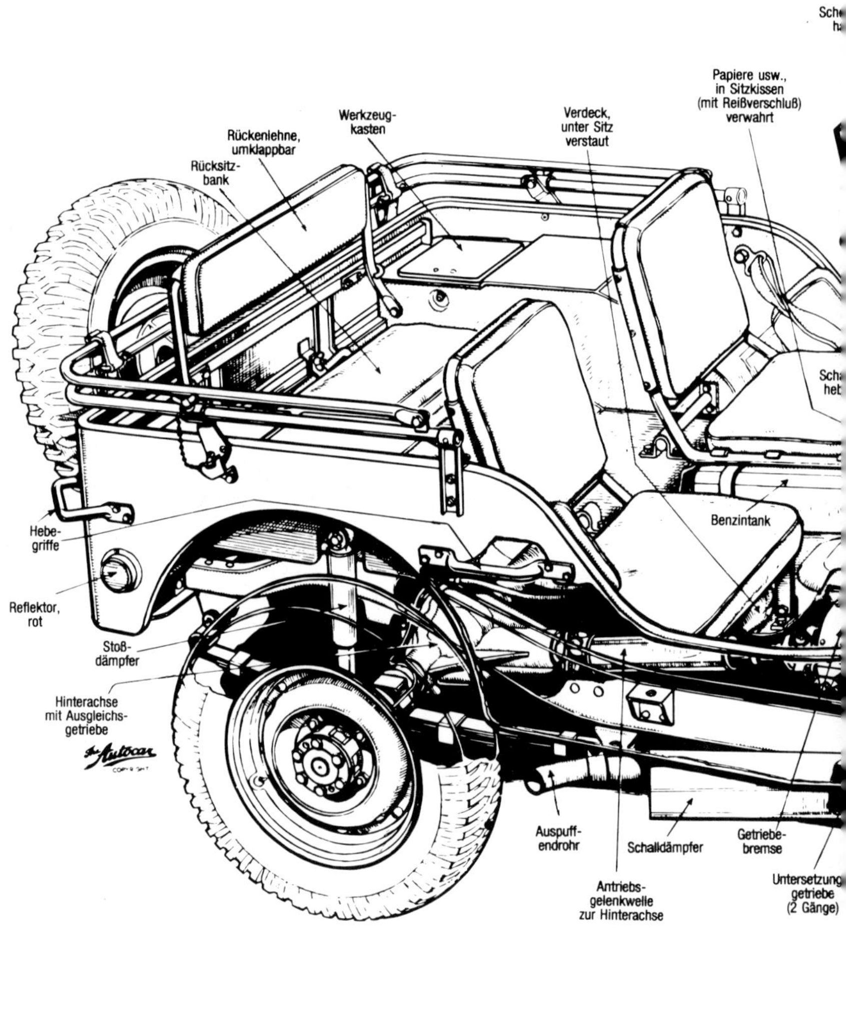

Rücksitz-
bank

Rückenlehne,
umklappbar

Werkzeug-
kasten

Verdeck,
unter Sitz
verstaut

Papiere usw.,
in Sitzkissen
(mit Reißverschluß)
verwahrt

Sch
ha

Sch
het

Benzintank

Hebe-
griffe

Reflektor,
rot

Stoß-
dämpfer

Hinterachse
mit Ausgleichs-
getriebe

Auspuff-
endrohr

Antriebs-
gelenkwelle
zur Hinterachse

Schalldämpfer

Getriebe-
bremse

Untersetzung
getriebe
(2 Gänge)

Die berühmte Schnittzeichnung des MB. Sie stammt von Max Millar, dem Begründer dieses Kunstzweiges (Autocar).

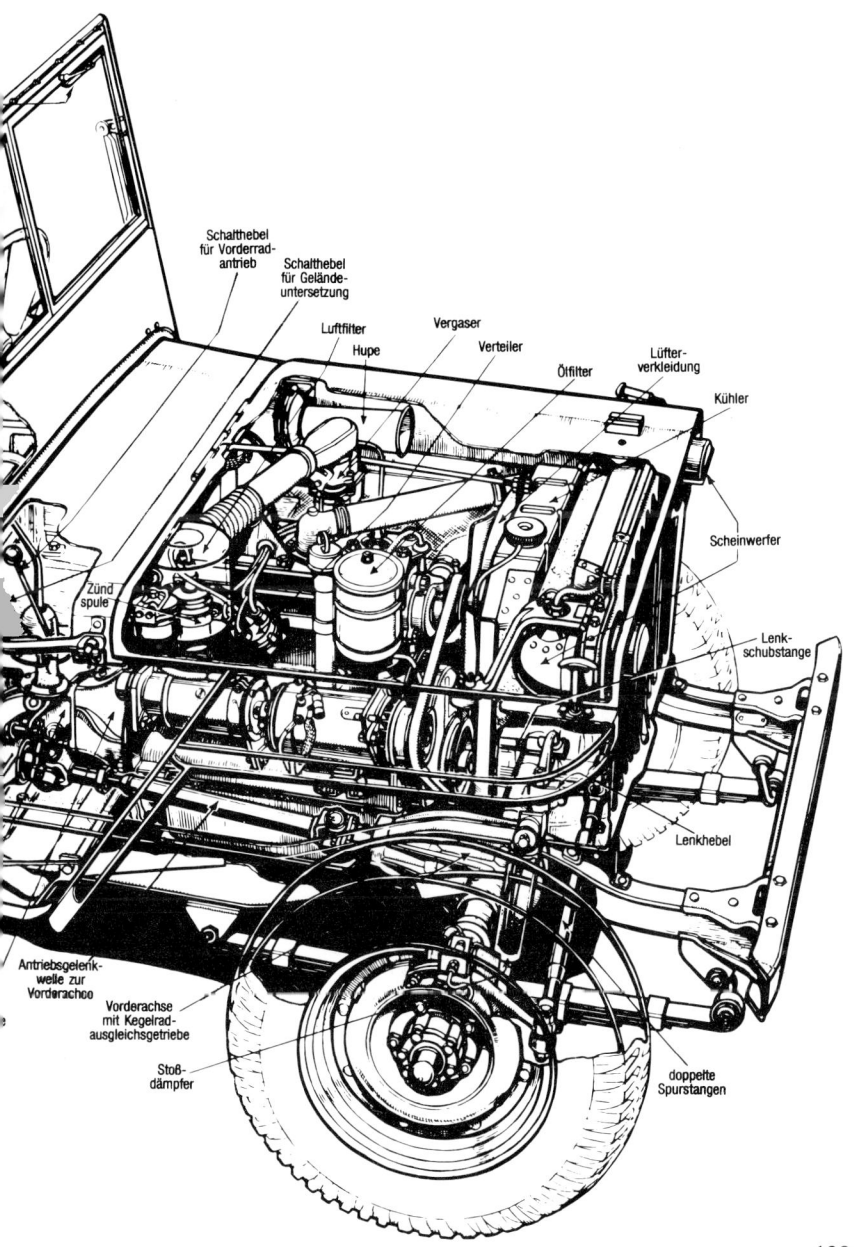

Schalthebel
für Vorderrad-
antrieb

Schalthebel
für Gelände-
untersetzung

Luftfilter

Hupe

Vergaser

Verteiler

Ölfilter

Lüfter-
verkleidung

Kühler

Scheinwerfer

Zünd-
spule

Lenk-
schubstange

Lenkhebel

Antriebsgelenk-
welle zur
Vorderachse

Vorderachse
mit Kegelrad-
ausgleichsgetriebe

Stoß-
dämpfer

doppelte
Spurstangen

Technische Daten des MB

Allgemein

Motor

Willys Modell 441 oder 442 »Go Devil« (Laufteufel) Vierzylinder-Otto-Reihenmotor, wassergekühlt, seitengesteuert (L-Kopf). 44,74 kW = 60,8 PS (60 bhp/54 bhp netto) bei 4000/min, Höchstdrehmoment von 14,4 mkp (105 lbft/95 lbft netto) bei 2000/min. Hubraum 2199 cm^3 (134.2 cu in). Bohrung und Hub 79, 375 mm × 111, 125 mm (3,125 in × 4,375 in). Verdichtungsverhältnis 6,48:1. Leistungsbewertung nach SAE und RAC = 15,63 hp. Zündfolge 1-3-4-2. Ventilspiel (kalt) für Einlaß und Auslaß 0,36 mm (0,014 in). Zündkerzen 14 mm Champion QM 2 oder Auto-Lite AN 7, Elektrodenabstand 0,76 mm (0,030 in). Zündverteiler Auto-Lite (in bestimmten Fahrzeugen staubdicht gekapselt), Unterbrecherkontaktabstand 0,5 mm (0,020 in). Mechanische Kraftstoffpumpe AC Typ AF. Fallstromvergaser Carter Typ WO-539 S.

Hinweis: Die Motoren von Ford waren praktisch identisch hiermit, doch wurden bei ihnen die Deckel der Pleuellager mit Stehbolzen befestigt, anstatt durch Schrauben. Die Pleuelstangen waren austauschbar.

Getriebe

Borg und Beck Modell 11123, trockene Einscheibenkupplung, Durchmesser der Kupplungsscheibe 200 mm (7⅞ in). Warner Gear Modell T-84-J Schaltgetriebe mit drei Vorwärts- und einem Rückwärtsgang, zweiter und dritter Gang synchronisiert. Spicer oder Brown-Lipe Untersetzungsverteilergetriebe, am Schaltgetriebe angeflanscht, Übersetzung groß (1:1) und klein (1,97:1). Gesonderter Schalthebel zum Zu- und Abschalten des Vorderradantriebs. Zwangsverriegelung, um das Einlegen der Geländeuntersetzung bei reinem Hinterradantrieb auszuschließen. Anschlußmöglichkeit für Zapfwelle an rückwärtiger Stirnseite der Getriebehauptwelle. Spicer Antriebsgelenkwellen mit Kreuzgelenken zu Vorder- und Hinterachse. Spicer Antriebspendelachsen mit Bendix-Weiss, Rzeppa, Spicer oder Tracta Gleichlaufgelenkwellen.

Getriebeübersetzungen:

	Schaltgetriebe	Straße	Gesamtübersetzung Gelände
Erster Gang	2,665	13,005	25,573
Zweiter Gang	1,564	7,632	15,036
Dritter Gang	1,000	4,880	9,641
Rückwärtsgang	3,554	17,344	34,167

Fahrgestell

Leiterrahmen von Midland Steel (wobei Ford und Willys sich in der vorderen Quertraverse und bei den Stoßdämpferlagern unterscheiden). Halbelliptik-Blattfedern vorn und hinten, mit »U«-Federbügeln und verschraubten Federlagern. Hintere Federn links und rechts gleich. Vordere Feder links zum Ausgleich der höheren Last (Motor nach links versetzt) andere Federkonstante als rechte Feder, gekennzeichnet durch gelbes »L« auf Unterseite aufschabloniert. Alle Ford – und die Willys ab Serien-Nr. 146774 – erhielten unter der linken Vorderfeder eine Zusatzfeder zum Ausgleich des Gegendrehmomentes (die bei den älteren Willys nachgerüstet werden konnte). Hydraulische Stoßdämpfer. Hydraulische Bendix-Servobremsen an allen Rädern. Mechanische Feststellbremse auf die Antriebswelle zur Hinterachse wirkend, saß hinter dem Untersetzungsgetriebe und war überwiegend als Außenbandbremse ausgebildet, bei einigen Modellen gegen Produktionsende als Innenbackenbremse.

Ross-Lenkgetriebe mit Lenkschnecke und doppeltem Lenkfinger. Räder mit geteilten »Combat«-Felgen (auf älteren Modellen wurden herkömmliche ungeteilte Felgen verwendet) und 6.00 × 16-Sechslagen-Reifen, meist mit Geländeprofil. Luftdruck vorn und hinten 2–2,4 bar (30–35 psi).

Abmessungen und Gewichte

Radstand 203 cm (80 in), Spurweite vorn und hinten 123 cm (48¼ in), mit »Combat«-Rädern 124,5 cm (49 in). Gesamtlänge 332,7 cm (131 in), bei den ersten Modellen 336–337 cm (132¼–132¾ in). Gesamtbreite 157 cm (62 in). Gesamthöhe (mit Normlast) am Windlaufblech 101 cm (40 in), Oberkante Lenkrad 130–132 cm (51¼–52 in), bei aufgebautem Verdeck 183 cm (72 in), bei den frühen Modellen 177 cm (69¾ in). Bodenfreiheit 22 cm (8¾ in), Eigengewicht ohne Treibstoff und Wasser 1061 kp (2337 lb), Leergewicht des fahrbereiten Fahrzeugs 1114 kp (2453 lb), bei den älteren Modellen 1051 kp (2315 lb). Gesamtgewicht auf Straßen 1658 kp (3653 lb), im Gelände 1477 kp (3253 lb). Nutzlast maximal 363 kp (800 lb), Anhängelast maximal 454 kp (1000 lb).

Elektrische Anlage

6 Volt-Anlage, Minus an Masse. Sealed-Beam-Scheinwerfer an Schwenkarmen. Beleuchtung durch Tarnlicht-(Haupt-)Schalter am Armaturenbrett geschaltet (bei Modellen aus späterer Fertigung wurde der Licht-Zugschalter durch einen Drehschalter ersetzt). Auto-Lite-Lichtmaschine, Regler und Anlasser. An der Lichtmaschine konnte die Keilriemenspannung (durch Wegschwenken gegen Federkraft) verringert werden. Dadurch spritzte der Lüfter bei Wasserdurchfahrten kein Wasser über den Motor.

Bei späteren Fahrzeugen wurde neben dem Beifahrersitz am Karosserieseitenblech ein Anschlußkasten für das Funkgerät angebaut. Einige Fahrzeuge erhielten eine 12 V/ 55 A-Zusatzlichtmaschine, die über Keilriemen von der Zapfwelle am Getriebeausgang angetrieben wurde. (Anmerkung: Die Bruchzahlen bei den amerikanischen Werten sind so in den Originaldatenblättern aufgeführt.)

131

Technische Daten im einzelnen

Motor:
Typ/Bauart: Seitengesteuert (L-Kopf)

Zylinderzahl	4
Bohrung	79,38 mm
	(3⅛ in)
Hub	111,13 mm
	(4⅜ in)
Hubraum	2,2 l
	(134,2 cu in)
Verdichtungsverhältnis	6,48 : 1
Nennleistung	44,7 kW/60,8 PS
	bei 4000/min (60 bhp)
Leistung nach SAE	15,63 hp
Kompressionskraft	50,39 kp
	bei 185/min (111 lb)
Drehmoment	14,3 mkp
	bei 2000/min (105 lb ft)
Zündfolge	1-3-4-2

Zylinderblock

Zylinderbohrung	79,375–79,426 mm $\varnothing$
	(3,125–3,127 in)

Zylinderkopf, Anzugsdrehmoment

Zylinderkopfschrauben	8,85–10,21 mkp
	(65–75 lb ft)
Zylinderkopfstiftschraubenmuttern	
	8,17–8,85 mkp (60–65 lb ft)

Kurbelgehäuse

Ausgleichsgewichte	4

Kurbelwellenlager

Lagerzapfen	3
vorn	59,28 $\varnothing$ 48,77 mm Breite
	(2,334 × 1,92 in)
Mitte	59,28 $\varnothing$ 46,03 mm Breite
	(2,334 × 1¹³⁄₁₆ in)
hinten	59,28 $\varnothing$ 44,45 mm Breite
	(2,334 × 1¾ in)

Drucklager vorn

Längsspiel	0,102–0,152 mm
	(0,004–0,006 in)
Lagerspiel	0,025 mm (0,001 in)

Typ Stahlschale mit Babbit-Lagermetall, nicht einstellbar, kann ohne Nachreiben ausgewechselt werden

Anzugsdrehmoment	8,85–9,53 mkp
	(65–70 lb ft)

Pleuelstange

Länge, Mitte-Mitte	233,36 mm
	(9³⁄₁₆ in)

oben Kolbenbolzen mit Festsitz im Pleuel
unten Pleuellager: Stahlschale mit Babbit-Lagermetall, auswechselbar

Lagerabmessungen	49,21 $\varnothing$ 33,34 Breite
	(1¹⁵⁄₁₆ × 1⁵⁄₁₆ in)
Lagerspiel, auf Kurbelwelle	0,02–0,058 mm
	(0,0008–0,0023 in)
Lagerspiel, axial	0,127–0,228 mm
	(0,005–0,009 in)
Anzugsdrehmoment	6,81–7,49 mkp
	(50–55 lb ft)

Einbau von oben, Versatz vom nächsten Hauptlager abgewandt, Ölsprühbohrungen von Nockenwelle abgewandt

Kolben

Lo-Ex Lynite, T-Nut, oval geschliffen, verzinnt

Länge	95,25 mm (3¾ in)
Spiel, Ringsteg oben	0,52–0,57 mm
	(0,0205–0,0225 in)
Spiel, Kolbenmantel	0,076 mm
	(0,003 in)

Übermaßkolben erhältlich mit
0,25 mm, 0,51 mm
und 0,76 mm Übermaß (0,01; 0,02; 0,03 in)

Zahl der Kolbenringe	3
Kompressionsringe	2, Breite 2,38 mm (³⁄₃₂ in)
Ölabstreifringe	1, Breite 4,76 mm (³⁄₁₆ in)
Kolbenringstoßspiel	0,2–0,33 mm
	(0,008–0,013 in)
Kolbenringhöhenspiel	0,013–0,038 mm
	(0,0005–0,0015 in)

Kolbenbolzenbuchse, diamantgebohrt
20,63 mm $\varnothing$ 20,33 mm–20,62 mm Breite
(¹³⁄₁₆, 0,8007–0,8119 in)

Kolbenbolzen

Länge	70,64 mm (2²⁵⁄₃₂ in)
Durchmesser	20,63 mm (¹³⁄₁₆ in)
Bauart	festgelegter Kolbenbolzen
Spiel im Kolben	0,0025–0,0127 mm
	(0,0001–0,0005 in)

Nockenwelle

Zahl der Nockenwellenlager	4
Lagerzapfendurchmesser	
vorn	58,73 mm (2⁵⁄₁₆ in)
vorderes Zwischenlager	57,15 mm (2¼ in)
hinteres Zwischenlager	55,56 mm (2³⁄₁₆ in)
hinten	44,45 mm (1¾ in)
Drucklager	vorn
Längsspiel aufgenommen durch	
Federbolzen	

Nockenwellenlager

Ausführung
  Stahlschale mit Babbit-Lagermetall
Lagerspiel 0,051–0,089 mm
  (0,002–0,0035 in)

Einlaßventil

Ventilspiel, kalt	0,356 mm (0,014 in)
Ventilsitz, Winkel	45°
Ventilteller, Durchmesser	38,89 mm (1¹⁷⁄₃₂ in)
Länge, gesamt	146,05 mm (5¾ in)
Ventilschaft, Durchmesser	9,47 mm (0,373 in)
Spiel Ventilschaft-Ventilführung	
0,038–0,083 mm (0,0015–0,00325 in)	
Einlaß öffnet	9° vor O.T. = 0,99 mm Kolbenweg (0,039 in)
Einlaß schließt	50° nach U.T. = 95,81 mm Kolbenweg (3,772 in)
Ventilhub	9,13 mm (²³⁄₆₄ in)

Auslaßventil

Ventilspiel, kalt	0,35 mm (0,014 in)
Ventilsitz, Winkel	45°
Ventilteller, Durchmesser	37,3 mm (1¹⁵⁄₃₂ in)
Länge, gesamt	146 mm (5¾ in)
Ventilschaft, Durchmesser	9,47 mm (0,3725 in)
Spiel Ventilschaft-Ventilführung	
0,05–0,095 mm (0,002–0,00375 in)	
Auslaß öffnet	47° vor U.T. = 96,49 mm Kolbenweg (3,799 in)
Auslaß schließt	12° nach O. T. = 1,45 mm Kolbenweg (0,054 in)
Ventilhub	9,13 mm (²³⁄₆₄ in)

Ventilfedern

Länge, ausgebaut	63,5 mm (2½ in)
Länge, Vorspannung, Ventil geschlossen	
53,58 mm, 22,7 kp (2⁷⁄₆₄ in, 50 lb)	
Länge und Federlast, Ventil geöffnet	
44,45 mm, 52,66 kp (1¾ in, 116 lb)	
Geschlossene Windung der Feder nach oben	
gegen Block eingebaut.	

Ventilstößel

Länge, gesamt	73,02 mm (2⅞ in)
Durchmesser	
15,84–15,86 mm (0,624–0,6245 in)	
Spiel in Stößelführung	
0,0127–0,051 mm (0,0005–0,002 in)	
Einstellschraube	
⅜ Zoll – 24 Gewindegänge × ¹⁄₃₂ Zoll	

Steuerkette: Gliederkette

Zahl der Glieder	47
Breite	25,4 mm (1 in)
Teilung	12,7 mm (½ in)
Bauart	nicht verstellbar

Lüfterantrieb

Bauart	Keilriemen
Winkel des V	42°
Länge, außen	1120,77 mm (44⅛ in)
Breite	17,46 mm (¹¹⁄₁₆ in)

Ölpumpe

Bauart	Zahnradölpumpe
Antrieb	durch Nockenwelle über Zahnrad

Ölfilterüberdruckventil

Druck	2,76 bar, bei 50 km/h Anzeige 5,17 bar (40 psi, 75 psi bei 30 mph)
Einstellung durch Unterlegscheiben	
im Federgehäuse	

Ölfilter Purolator Nr. 27 078

Kraftstoffanlage:
Vergaser

Hersteller	Carter
Modell	WO-539 S
Flanschhöhe	25,4 mm (1 in)
Lufttrichter 1. Stufe, Durchmesser	8,73 mm (¹¹⁄₃₂)
Hauptlufttrichter, Durchmesser	25,4 mm (1 in)
Schwimmereinstellung	9,53 mm (⅜)

Kraftstoffzuführung

Senkrechte Düsennadel mit quadratischem Querschnitt, federbelastet. Nadelsitz Bohrer Nr. 53, Kraftstoffleitungen verbunden mit ⅛ Zoll Rohrgewinde, die Bogenstücke mit ³⁄₁₆ Bördelung

Teillastdüse	Bohrer Nr. 71
Leerlaufdüse	Bohrer Nr. 61
Sitz Leerlaufeinstellschraube	Bohrer Nr. 46
Hauptdüse Bohrung = Vollastbereich	
	2,44 mm (0,096 in)
Teillastnadel	Nr. 75–547
Durchmesser Düse für Teillastbereich	
	1,78 mm (0,07 in)
Einstellung (mit Lehre Nr. T-109-26)	
	auf 69,04 mm (2,718 in)
Beschleunigerpumpe	
Spritzdüse	Bohrer Nr. 73
Kugelventil, Einlaß	Bohrer Nr. 40
Plattenventil, Auslaß	Bohrer Nr. 40
Entlastungsbohrung	
nach außen	Bohrer Nr. 42
Einstellung	
(mit Lehre T-109-1175)	6,75 mm (¹⁷⁄₆₄ in)

Luftfilter

Hersteller	Oakes
Modell	613300
Bauart	Ölbadluftfilter

Kraftstoffpumpe

Hersteller	AC
Modell	AF

Typ mechanisch, von Nockenwelle betätigt
Förderdruck
0,68–1,14 bar 406 mm über Auslaß
bei 1800/min
(1½–2½ lb in 16 in Höhe)

Kraftstoffbehälter

Hersteller	Willys
Einbauort	unter dem Fahrersitz
Tankdeckel	AC Nr. 850018

Kraftstofffilter

Hersteller	AC
Modell	T-2
Bauform	Scheibenfilter
Einbauort	Spritzwand

Kühlanlage

Inhalt	10,4 l (11 US quart)
Kühler	Jamestown
Kühlerverschluß, Hersteller	AC
Lüfter, 4 Flügel	380 mm ∅ (15 in)
	Hersteller Hayes

Lüfterantrieb

	Keilriemen
Länge, außen	1124 mm (44¼ in)
Breite	17,46 mm (¹¹⁄₁₆ in)
Winkel des V	42°

Wasserpumpe

Bauart	zentrifugal
Einbauort	vorn am Motorblock
Antrieb	Keilriemen
Lager	Kugellager, gekapselt mit
	Dauerschmierung

Thermostat

Einbauort	Kühlflüssigkeitsaustritt,
	Zylinderkopf oben
öffnet bei	63–68° C (145–155° F)
ganz geöffnet bei	77° C (170° F)

Frostschutz

Tempe-ratur (° C)	Alkohol	Äthyl-glykol	Temp. (° F)
− 1,1	1	1	30
− 6,6	2⅛	2	20
−12,2	3¼	3	10
−17,7	4¼	3¾	0
−23	5	4½	−10
−29	5½	4¾	−20
−34	6¾	5½	−30
−40	7¼	6	−40

(Mengenangaben in US quarts. Zum Umrechnen in Imperial quarts mit 0,833 multiplizieren; in Liter mit 0,946).

Kupplung

Bauform	trockene Einscheiben-K.

Kupplungsscheibe

Hersteller	Borg & Beck 1123
Größe	200 mm (7⅞ in)
Belag	Asbest, gewebt und gepreßt
Durchmesser	innen 130 mm, außen 200 mm
	(5⅛, 7⅞ in)
Stärke	3,18 mm (⅛ in)

ausgelegt für Drehmoment
17,98 mkp (132 lb ft)

Druckplatte

Hersteller	Atwood
Anzahl der Federn	3
Anpreßkraft bei	39,7 mm (100–104 kp)
	(220–230 lb bei 1³⁄₁₆ in)

Anpreßkraft bei 39,7 mm (100–104 kp) (220–230 lb bei 1¹⁵⁄₁₆ in)

Ausrücklager

Typ   Kugellager, gekapselt, Dauer-Fettfüllung

Lager der Kupplungswelle

Einbauort   in Kurbelwelle
Material   Bronze (mit Graphit imprägniert)
Innendurchmesser   15,95 mm (0,628 in)

Kupplungspedal

Einstellung   19 mm (¾ in) freier Pedalweg, bevor das Ausrücklager die Druckplatte berührt

Verteilergetriebe/Gruppengetriebe

Hersteller   Spicer
Modell   18
Einbau mit Schaltgetriebe zusammengebaut
Schalthebel   auf Wagenboden
Übersetzungsverhältnis:
            groß 1 : 1, klein 1,97 : 1

Verteilergetriebe, Lager

Schaltgetriebe-Hauptwelle   Kugellager
Zwischenrad   2 × Rollenlager
Antriebswelle   Kegelrollenlager
Vorderachskupplungswelle
vorderes Lager   Kugellager
hinten Führungszapfen in Antriebswelle,
    Bronzebüchse
    Bohrung   15,93 mm ⌀ (0,627 in)

Ölfüllung

Ölmenge   2,84 l (3 US qt)
Viskosität (normal)   SAE 90

Tachometerantrieb

Antriebszahnrad   4 Zähne
angetriebenes Zahnrad   14 Zähne

Gelenkwellen und Kreuzgelenke
Gelenkwelle

Hersteller   Spicer
Wellendurchmesser   31,75 mm (1¼ in)
Länge vorn
    (Gelenkmitte-Mitte)   551 mm (21¹¹⁄₁₆ in)
Länge hinten (Gelenkmitte-Mitte)
                509 mm (20¹⁄₃₂ in)

Kreuzgelenk Vorderradantrieb, vorn

Hersteller   Spicer
Bauform   Sprengring mit Federbügel
Modell   1268
Lager   Nadellager Spicer 98–851

Kreuzgelenk, Vorderradantrieb, hinten

Hersteller   Spicer
Typ   Sprengring mit Federbügel
Modell   1261
Lager   Nadellager Spicer 98–851

Kreuzgelenk Hinterradantrieb, vorn

Hersteller   Spicer
Typ   Sprengring mit Gleitkupplung
Modell   1261
Lager   Nadellager Spicer 98–851

Kreuzgelenk Hinterradantrieb, hinten

Hersteller   Spicer
Typ   Sprengring mit Federbügel
Modell   1268
Lager   Nadellager Spicer 98–851

Lenkung:
Lenkgetriebe

Hersteller   Ross
Bauart Schnecke mit doppeltem Lenkfinger
Modell   T-12
Untersetzung   veränderlich, 14-12-14 zu 1
Lenkrad   Dreispeichen-Sicherheitslenkrad
                438 mm ⌀ (17¼ in)

Lager

Schnecke oben   Kugellager
Schnecke unten   Kugellager
Lenkfinger   Buchse
Lenksäule oben   Kugellager

Lenkfinger

Spiel in Buchse
    0,0127–0,063 mm (0,0005–0,0025 in)

Lenkschubstange

Hersteller	Columbus Auto Parts
Bauform	spielfrei durch Spannfeder
Einstellung	über Gewindestopfen

Lenkgeometrie

Vorspur	1,19–2,38 mm ($\frac{3}{64}$–$\frac{3}{32}$ in)
Sturz	1,5°
Nachlauf	3°
Voreilwinkel in Kurven	
bei Innenrad auf	20°
läuft Außenrad auf	19,75°

Vorderachse

Hersteller	Spicer
Achsantrieb	oberhalb der Federn
Typ	Pendelachse
Bodenfreiheit	214 mm ($8\frac{7}{16}$ in)

Differential (identisch mit Differential der Hinterachse)

Antrieb	Hypoidverzahnt
Übersetzungsverhältnis	4,88 : 1
Lager	Timken Rollenlager
Ölinhalt	1,18 l ($2\frac{1}{2}$ US qt)
Einstellung	Beilagscheiben
Zahnräder (Ritzel)	2

Achsschenkelschub wird mittels Beilagscheiben eingestellt und sollte – bei ausgebautem Wellendichtring –
11,3–15,9 kp Zug betragen (25–35 lb)

Achsschenkelbolzen

Lager oben und unten Timken – Rollenlager

Wendekreis
26°

Spurstangen

Anzahl	2
rechts Länge Mitte-Mitte	616 mm ($24\frac{1}{4}$ in)
links Länge Mitte-Mitte	440 mm ($17\frac{11}{32}$ in)
Spurstangenköpfe	werden als Einheit gewartet

Lenkgeometrie

Spreizung	$7\frac{1}{2}$°
Radsturz	$1\frac{1}{2}$°
Radnachlauf	3°
Vorspur	1,19–5,56 mm ($\frac{3}{64}$–$\frac{7}{32}$ in)

Lager

Kegelrollenlager	24780
am Differential	Timken
Konuskugellager	24721
Unterlegscheiben	
	0,076, 0,127, 0,25, 0,76 mm
	(0,003, 0,005, 0,01, 0,03 in)
Ritzelschaft, Lager	Timken
Kegelrollenlager	vorn 31593 hinten 02872
Konuskugellager	vorn 31520 hinten 02820
Unterlegscheiben	
	0,076, 0,127, 0,25, 0,76 mm
	(0,003, 0,005, 0,01, 0,03 in)
Radnabe	Timken
Kegelrollenlager	innen 18590 außen 18590
Konuskugellager	innen 18520 außen 18520
Achsschenkel	Timken
Kegelrollenlager	oben 11590 unten 11590
Konuskugellager	oben 11520 unten 11520
Lenkhebel	Nadellager Torrington B 1210

Hinterachse

Typ	Starre Achsbrücke
Hersteller	Spicer
Bodenfreiheit	214 mm ($8\frac{7}{16}$ in)

Differential

Antrieb	Hypoidverzahnt
Übersetzungsverhältnis	4,88 : 1
Zahnräder (Ritzel)	2
Ölfüllung	1,18 l ($2\frac{1}{2}$ US qt)
	Unterlegscheiben
Einstellung	0,076, 0,127, 0,25, 0,76 mm
	(0,003, 0,005, 0,01, 0,03 in)

Ritzelwelle

Lager	2 Timken-Rollenlager
Einstellung	Unterlegscheiben
	0,076, 0,127, 0,25, 0,76 mm
	(0,003, 0,005, 0,01, 0,03 in)

Kegelradvorgelege
Zahnflankenspiel
  0,127–0,178 mm (0,005–0,007 in)
Einstellung   Unterlegscheiben
  0,076, 0,127, 0,25, 0,76 mm
  (0,003, 0,005, 0,01, 0,03 in)

Handbremse
Bauart   mechanisch
Größe   152,4 mm (6 in)
Belag Länge   471,5 mm (18⁹⁄₁₆ in)
  Breite   50,8 mm (2 in)
  Stärke   3,97 mm (⁵⁄₃₂ in)

Lager
differentialseitig   Hersteller Timken
Kegelrollenlager   24780
Konuskugellager   24721
Ritzelwelle   Hersteller Timken
Kegelrollenlager   vorn 2872 hinten 31593
Konuskugellager   vorn 02820 hinten 31520
Beilegscheiben 0,076, 0,127, 0,25, 0,76 mm
                       (0,003, 0,005, 0,01, 0,03 in)
Radnabe   Hersteller Timken
Kegelrollenlager   innen 18590 außen 18590
Konuskugellager innen 18 520 außen 18 520

Bremsen:
Betriebsbremse
Bauart   hydraulische Vierradbremse
Abmessungen 228,6 × 44,5 mm (9 × 1¾ in)
Bremsflüssigkeit   0,35 l (¾ US qt)

Hauptbremszylinder
Größe   25,4 mm (1 in)
Einbauort linker Längsträger des Rahmens

Radbremszylinder
Größe vorn 25,4 mm hinten 19,1 mm (1; ¾ in)

Bremsbacken   Hersteller Bendix
Abmessungen   228,6 × 44,5 mm (9 × 1¾ in)
Fläche Bremsbelag   760 cm² (117,8 sq in)
Länge Belag,
  vordere Backe   259,6 mm (10 ⁷⁄₃₂ in)
Länge Belag,
  hintere Backe   167,9 mm (6³⁹⁄₆₄ in)
Breite   44,45 mm (1¾ in)
Stärke   4,76 mm (³⁄₁₆ in)

Rückholfeder, Bremspedal
Länge, unbelastet   149 mm (5⅞ in)
Rückzugkraft, bei Auslängung
  auf 192 mm (7⁹⁄₁₆ in) : 10,4 kp (23 lb)

Rückzugfeder, Bremsbacke
Länge, unbelastet   147,6 mm (5¹³⁄₁₆ in)
Rückzugkraft, bei Auslängung
  auf 157,2 mm (6³⁄₁₆ in) : 18,16 kp (40 lb)

Feder, Radzylinder
Länge   36,5 mm (1⁷⁄₁₆ in)
Belastung, zusammengepreßt
  0,45–0,57 kp (1–1¼ lb)

Räder
Hersteller   Kelsey-Hayes
Rad (Felge)   16 × 4.00 Tiefbett
                         oder 16 × 4.50 Combat
Reifen   16 × 6.00
Typ   M & S – oder Straßen-Profil
Luftdruck   2,07–2,4 bar (30–35 psi)
Lager, vorn und hinten

	innen	außen
Hersteller	Timken	Timken
Kegelrollenlager	18 590	18 590
Konuskugellager	18 520	18 520

Federn:
vorn
Hersteller   Mather
Typ   Blattfeder, halbelliptisch
Länge, Mitte Auge –
  Mitte Auge   920,75 mm (36¼ in)
Breite   44,45 mm (1¾ in)
Zahl der Federblätter   8
Federbügel   4
Mitte vorderes Federauge
Mitte Federschraube   460,38 mm (18⅛ in)

Mitte hinteres Federauge
Mitte Federschraube   460,38 mm (18⅛ in)
Sprengung links, bei
    238 kp (5251 lb) : 7,94 mm (⁵⁄₁₆ in)
Sprengung rechts, bei
    177 kp (390 lb) : 7,94 mm (⁵⁄₁₆ in)
Buchse hinteres Auge   14,36 mm Bohrung
    44,45 mm lang (0,5655 × 1¾ in)

Radstand   2032 mm (80 in)

Spurweite
vorn   1225,6 mm (48¼ in)
    1244,6 mm (49 in) mit Combat-Rädern
hinten   1225,6 mm (48¼ in)
    1244,6 mm (49 in) mit Combat-Rädern

hinten

Hersteller	Mather
Typ	Blattfeder, halbelliptisch
Länge	1067 mm (42 in)
Breite	44,45 mm (1¾ in)
Zahl der Federblätter	9
Federbügel	4

Sprengung, bei
    363 kp (800 lb) : 6,35 mm (¼ in)
Mitte Auge – Mitte Federbolzen
                            533 mm (21 in)
Buchse vorderes Auge
14,36 mm Bohrung 44,45 lang (0,5655 × 1¾)

Stoßdämpfer

Hersteller	Vorn und hinten Monroe
Typ	hydraulisch, doppelwirkend

Länge, zusammengedrückt
vorn   268,3 mm (10⁹⁄₁₆ in)
hinten   293,7 mm (11⁹⁄₁₆ in)
Länge ausgezogen   409,6 mm (16⅛ in)
                        460,4 mm (18⅛ in)
verstellbar   ja ja
Stoßdämpferlagerung   Gummi Gummi

Rahmen:

Rahmen	SAE 1025
größte Höhe	106,3 mm (4,186 in)
größte Dicke	2,36 mm (0,093 in)
Flanschbreite	44,45 mm (1¼ in)
Länge	3117,8 mm (122¾ in)
Breite vorn, hinten	743 mm (29¼ in)
Anzahl der Querstreben	
	5 (»K«-Streben hinten)
Gewicht	63,56 kp (140 lb)

Elektrische Anlage:

Batterie

Hersteller	Auto-Lite oder Willard
Modell	TS-2-15 oder SW-2-119
Platten je Zelle	15
Kapazität	116 Ah
Spannung	6 Volt
Länge	ca. 254 mm (10 in)
Breite	ca. 178 mm (7 in)
Höhe	ca. 211 mm (8⁵⁄₁₆ in)
Säuredichte vollgeladen	1,225–1,13;
aufgeladen	bei 1,175
Masse (Erde)	negativ
Einbauort	unter der Motorhaube rechts

Anlasser

Hersteller	Auto-Lite
Modell	MZ–4113
Antrieb	rechtsläufiges Bendixgetriebe
	(Schraubtrieb)

Stromaufnahme,
    unbelastet   max. 70 A; 5,5 V – 4300/min
Kippmoment
            420 A 3 V – 0,93 mkp (6,8 ft lb)

Spannung	6 V
Längsspiel Anker	1,587 mm (¹⁄₁₆ in)
Bürsten	4
Vorspannung	1,19–1,5 kp (42–53 oz)
Anlaßdrehzahl, normal	185/min
Lager	3, Bronze

Anlasserschalter

Hersteller	Auto-Lite
Modell	SW–4001

Lichtmaschine

Hersteller	Auto-Lite
Modell	GEG – 5002 D
Spannung	6–8 V
Polarität Masse (Erde)	negativ
regelt ab bei Höchststrom	40 A
Drehrichtung (Antriebsseite)	im Uhrzeigersinn
geregelt durch	Gleichspannungsregler (Kontaktregler)
Kühlung	Luft
Längsspiel Anker	0,254 mm (0,01 in)
Bürsten	2
Vorspannung Bürstenfedern	1,81–1,92 kp (64–68 oz)
Lager	Kugellager
Stromaufnahme Erregerwicklung	1,6–1,78 A 6 V
Kurzschlußstrom	4,7–5,2 A 6 V

(hierzu Klemmen von Erregerwicklung und Anker verbinden)

Leistung	8 A	7,6 V	bei 955/min
	40 A	7,6 V	1460/min
	40 A	8 V	1465/min

Gleichspannungsregler (Ladeschalter)

Hersteller	Auto-Lite
Modell	VRY – 4203 A
Spannung	6 V
Strom	40 A
Polarität Masse (Erde)	negativ

Spannungsregler

Leerlaufspannung	7,2–7,41 V
Luftspalt	1,02–1,07 mm (0,04–0,042 in)
Kontaktabstand	0,25–0,3 mm (0,01–0,0012 in)

Rückstromschalter

Kontakte geschlossen	6,4–6,6 V
Kontakte offen, Rückstrom	0,5–6 V
Luftspalt	1,51–1,59 (0,0595–0,0625 in)
Kontaktabstand	0,38 mm (0,015 in)

Stromregler

Luftspalt	1,19–1,24 mm (0,047–0,049 in)
Kontaktabstand	0,76–0,84 mm (0,03–0,033 in)

Anhängerbeleuchtung

Hersteller	Wagner
Steckdose, Modell	Nr. 3604
Stecker, Modell	Nr. 3744

Verteiler

Hersteller	Auto-Lite
Modell	IGV-4705
Zündzeitpunkt verstellt	durch Fliehkraft
Zündfolge	1-3-4-2
Kontaktabstand	0,5 mm (0,02 in)
Federkraft Kontaktfeder	0,48–0,56 kp (17–20 oz)
Schließwinkel (Zeit, während der die Kontakte geschlossen sind)	47°
Vorverlegung des Zündzeitpunktes bei 1500 U/min	11°
Kondensator, Kapazität	18–26 µF
Zündzeitpunkt für Kraftstoff	
72 Oktan	5° vor O.T. = Kolbenweg 0,26 mm (0,0103 in)
68 Oktan	bei O.T. = Kolbenweg Null
Markierung	auf Schwungscheibe
zu finden	rechte Seite Kupplungsglocke, unter dem Anlasser
Schalter für Zündung	Douglas Nr. 5941

Zündspule

Hersteller	Auto-Lite
Modell	IG – 4070 – L
Stromaufnahme, Motor im Stillstand	5 A bei 6,4 V
Stromaufnahme, Motor im Leerlauf	2,5 A

Instrumente

Kraftstoffvorratsanzeiger	Auto-Lite
Öldruckanzeiger	Auto-Lite
Kühlflüssigkeitsfernthermometer	Auto-Lite
Ladestromanzeiger (Ampèremeter)	Auto-Lite

Zündkerzen

Marke	Champion QM – 2
Gewinde	14 mm
Elektrodenabstand	0,76 mm (60,03 in)

Funkentstörung

Entstörung Lichtmaschine Solar SJ-194,
Sprague JX-130,
Tobe Deutschmann SC-33 M-1
Entstörung Regler Solar EV-101
Sprague JX-112,
Tobe Deutschmann 1125
Filtergruppe Solar EV-103,
Sprague JX-17,
Tobe Deutschmann 1107 DE

Beleuchtung

Lichtschalter Douglas
Fußabblendschalter Clum Nr. 9654
Scheinwerfer
Corcoran – Brown, Sealed-Beam-Lampen-
einheit
Tarnscheinwerfer Corcoran – Brown
Schluß- und Bremsleuchten
Corcoran – Brown
Birnen, Scheinwerfer Seelite-Einheit 6–8 V
45 CP DC Mazda Nr. 2400
Birnen,
Tarnscheinwerfer
6–8 V 3 CP SC Mazda Nr. 63
Birnen, Schluß- und
Bremsleuchten
6–8 V 3–21 CP Mazda Nr. 1154
Birnen, Instrumenten-
beleuchtung 6–8 V 3 CP SC Mazda Nr. 63

Masseverbindung (Erde)

Nummer	verbindet
1	Motorhaube mit Instrumentenbrett, rechts
2	Motorhaube mit Instrumentenbrett, links
3	Gewindebolzen Zylinderkopf mit Instrumentenbrett
4	Bremsseil, Tachowelle, Wärmefühler-leitung mit Armaturenbrett
5	Kraftstoffleitung mit Armaturenbrett
6	Starterzug, Gaszug und Öldruckleitung mit Instrumententafel
7	Befestigungsschraube Lichtmaschine mit Anlasserhalterung
8	Spannungsregler der Lichtmaschine mit Masse
9	Zündspule mit Motorblock
10	Motorlagerung, rechts vorn, mit Rahmen
11	Motorlagerung, links vorn, mit Rahmen
12	Auspuffrohr mit Rahmen
13	Kühler, rechts, mit Rahmen
14	Kühler, links, mit Rahmen
15	Motorlagerung, rückwärtige, mit Rahmen-Quertraverse
16	Untersetzungs-Verteilergetriebe mit Schraube Wagenboden
17	Lagerbock Aufbau, rechts, mit Rahmen
18	Lagerbock Aufbau, links, mit Rahmen
19	Kotflügel, rechts, mit Rahmen
20	Kotflügel, links, mit Rahmen
21	Motorhaube, links, mit Kühlergrill
22	Motorhaube, rechts, mit Kühlergrill
23	Kabelbaum Scheinwerfer mit linkem Kotflügel
24	Gewindebolzen Zylinderkopf mit Wagenbug
25	Kotflügel, links mit Windlauf, unten
26	Kotflügel, rechts, mit Windlauf, unten

Wichtig:
Beim Verbinden mit der Fahrzeugmasse muß die Anordnung der Beilagscheiben auf den Schrauben und Bolzen sorgfältig beachtet werden. Soweit Teile verzinnt sind, sollten sie für einwandfreien Stromfluß zwar gesäubert, keinesfalls jedoch überlackiert werden.

140

Dank

Ich kann nicht alle meine Helfer hier (in alphabetischer Reihenfolge) aufführen. Viele, die mir geholfen haben, taten dies als Privatleute. Andere wiederum unterstützten mich in ihrer Eigenschaft als Angehörige von Firmen und Organisationen.

Als erstem danke ich W. (Bill) S. Pickett, dem Präsidenten und Generalmanager von American Motors (Canada) Ltd., der selbst damals als Ingenieur bei Willys-Overland beteiligt gewesen ist. Er hat sich die Zeit genommen, mich in Brampton, Ontario aufzusuchen. Zwei weitere Männer von AMC, denen ich für ihre Mitarbeit danken möchte, sind Ben Dunn und Al Goldberg. Genauso hilfsbereit war Bart Vanderveen von der Firmengruppe Olyslager.

Äußerst entgegenkommend zeigten sich auch Ingrid MacAllister und ihre Kollegen in der wissenschaftlich-technischen Abteilung der Metropolitan Reference Library (Städtische Bibliothek) in Toronto. Ähnliche Aufgeschlossenheit fand ich beim Personal der Bibliothek des Imperial War Museum in London.

Die Zeitschrift »Autocar« übergab mit die Schnittzeichnung des Jeep (so, wie sie nur mein verstorbener Freund Max Millar schaffen konnte) und auch Testberichte. Außerdem veröffentlichten »Autocar« in ihrer Leserbriefspalte meine Anfrage bezüglich Informationen über den Jeep. Danken möchte ich auch Ron Easton, dem Cheffotografen dieser Zeitschrift.

Peter Roberts und Michael Worthinton-Williams (der Leiter der Abteilung »Fahrzeugveteranen und interessante Fahrzeuge« bei Sotheby Parke Bernet & Co.) übergaben mir aus ihrer Sammlung Kopien von Material über den Jeep. Besonders wertvoll erwies sich dabei ein Artikel von Paul Hackenburg über Harold Christ, der Chefingenieur bei Bantam und ein wahrer Pionier des Jeeps war.

141

Anthony P. Bamford, der Vorsitzende von J. C. Bamford Ltd., half mir mit Informationen und Bildmaterial. Michael Turner, der im Bereich der Automobiltechnik allgemein als Zeichner bekannt ist, stellte seinen restaurierten MB für die Photos von Ron Easton zur Verfügung.

Malik Idris Khan informierte mich über die Jeep-Aktivitäten in Pakistan, da er selbst auf seinem Ranch-Naturpark jahrelang Jeeps benutzt hatte. Bernard Venners erläuterte die Arbeit der englischen Military Vehicle Conservation Group und gab mit Informationen und Photos von der Restaurierungstätigkeit von Mike Priscott. Joe Lyndhurst, der in seiner Begeisterung über das Restaurieren von Jeeps in der Nähe von Horsham das Warnham War Museum gründete, gab gleichfalls großzügig sein Wissen an mich weiter.

In Bellingham, Washington, führte mich John Hendricks in seinem Ersatzteillager herum und ließ mich die Ergebnisse seines Knowhow auf dem Gebiet der Jeep-Restaurierung bewundern. Auch mein Freund Richard Evans, Lokalmatador im Bau von Jeep-Modellen, verhalf mir zum tieferen Verständnis der Feinheiten des Restaurierens. Art Volpe vom Department of the Army (Heeresministerium), und zwar vom Tank-Automotive Command (Kommandobehörde für Kettenfahrzeuge) in Warren, Michigan, lieferte die Einzelheiten der militärischen Forderungen, die der Nachfolger des Militär-Jeep, der Humvee erfüllen muß.

Ich möchte noch drei Bücher herausstellen, die ich besonders nützlich fand. Diese sind: »The Jeep« von Bart Vanderveen (Frederick Waine & Co. Ltd. 1970, 1975, 1981), »Hail to the Jeep« von A. W. Wade (Harper & Brothers 1946) und die »Complete Encyclopaedia of Motor Cars«, die G. N. Georgano herausgegeben hat (National Magazine Co. 1973).

Besonders muß noch meine Frau Catherine erwähnt werden, die sich mit mir durch das Quellenstudium gekämpft hat.

Und, wie gesagt, ich bin mir bewußt, daß in dieser Liste viele Leute nicht aufgeführt sind. Aber irgendwann muß einmal Schluß sein. Ich danke ihnen allen.

Michael Clayton

Stichwortverzeichnis

Seitenangaben in *Kursiv* beziehen sich auf Abbildungen.

145

Alles über Geländewagen

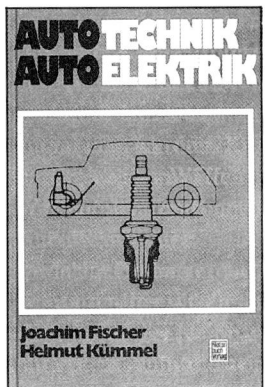

Fischer / Kümmel
Autotechnik – Autoelektrik
Klar und verständlich erklären die Autoren die Geheimnisse der Autotechnik: Motor, Fahrwerk, Lenkung, Räder und Karosserie – in diesem Handbuch zweifelsfrei und übersichtlich dargestellt.
304 Seiten, 370 Abb., geb.,
32,– Best.-Nr. 10255

Martin Breuninger
Das Allrad-Handbuch
60 Allrad-Modelle mit Bildern, Daten und Meßwerten sowie einer Gegenüberstellung der gebräuchlichsten Antriebskonzepte. Weitere praktische Hinweise gelten Zubehör und Wartung, dem Fahren im Gelände und auf der Straße.
235 Seiten, 150 Abb., brosch.,
33,– Best.-Nr. 24014

Hasso Erb
Schwimmwagen – Pkw und Lkw
Die einzige vollständige Technik- und Entwicklungsgeschichte der Schwimmwagen im zivilen und militärischen Bereich. Vom schwimmfähigen Kübelwagen bis zum Amphi-Ranger: Typen, Technik und Modelle.
304 Seiten, 308 Abb., geb.,
49,– Best.-Nr. 01165

Wolfgang Rausch
Geländewagen-Handbuch
Alles über Geländewagen in Theorie und Praxis: Ausrüstung und Zubehör, Gelände-Fahrtechniken, die wichtigsten Geländewagen in Wort und Bild. Ein ausführliches Technik-Kapitel beschreibt die Besonderheiten eines Off-Road-Fahrzeugs und sagt, was jeder darüber wissen sollte.
180 Seiten, 154 Abb., geb.,
28,– Best.-Nr. 10884

Wolfgang Rausch
Fahren im Gelände
Wo alle Straßen enden, wird Wolfgang Rauschs Buch erst richtig interessant. Eine aktuelle Geländewagen-Fahrschule hilft Anfängern und Profis.
156 Seiten, 64 Abb., geb.,
29,– Best.-Nr. 01012

Janusz Piekalkiewicz
Der VW Kübelwagen
Diese Dokumentation schildert die Entwicklung des berühmten Wagens und seiner zahlreichen Varianten, die teilweise noch bis in die Nachkriegsjahre unermüdlich Dienste leisteten.
192 Seiten, 214 Abb., Großformat, geb.,
36,– Best.-Nr. 10468

Der Verlag für Autobücher
Postfach 10 3743 · 7000 Stuttgart 40

Motor buch Verlag

Es gibt eine Autozeitschrift, die ist anders: Fakten statt Phrasen. Technik statt Blech. Klartext statt Klatsch.

Autos und Zubehör, Forschung und Entwicklung, Technik und Umwelt, Wirtschaft und Verkehr – mot sagt, was Sache ist. In harten, aber praxisnahen Tests. In Berichten, die nicht der Sensation, sondern der Information des Lesers den Vorrang geben. Und in Aktionen, in denen auch der Leser zu Wort kommt.

TESTEN SIE
DIE <u>ANDERE</u> AUTOZEITSCHRIFT